DK趣味数学百科

[英] 卡罗尔·沃德曼 编著　　吴宁 译

Carol Vorderman

湖南少年儿童出版社
HUNAN JUVENILE & CHILDREN'S PUBLISHING HOUSE

小博集
BOOKY KIDS

·长沙·

Original Title: Carol Vorderman's Maths Dictionary
Text Copyright © Pearson Australia, 2009
Layout and Design Copyright © Dorling Kindersley Limited, 2009
A Penguin Random House Company

著作权合同登记号：图字18-2023-287

图书在版编目（CIP）数据

DK 趣味数学百科 / （英）卡罗尔·沃德曼编著；吴宁译. —— 长沙：湖南少年儿童出版社，2024.5
ISBN 978-7-5562-7480-2

Ⅰ.①D… Ⅱ.①卡…②吴… Ⅲ.①数学—少儿读物
Ⅳ.①O1-49

中国国家版本馆CIP 数据核字（2024）第044256 号

DK QUWEI SHUXUE BAIKE
DK 趣味数学百科

[英] 卡罗尔·沃德曼 编著　吴宁 译

监　　制：齐小苗	责任编辑：唐 凌　蔡甜甜
执行策划：刘红艳	版权支持：张雪珂
文案编辑：刘红艳	封面设计：利　锐
营销编辑：刘子嘉	版式设计：利　锐

出 版 人：刘星保
出　　版：湖南少年儿童出版社
地　　址：湖南省长沙市晚报大道89号　　邮　　编：410016
电　　话：0731-82196320
常年法律顾问：湖南崇民律师事务所柳成柱律师
经　　销：新华书店
开　　本：1092 mm×787 mm 1/16
印　　刷：佛山市南海兴发印务实业有限公司
字　　数：225 千字　　　　　　　　印　张：10
版　　次：2024 年 5 月第1版
印　　次：2024 年 5 月第1次印刷
书　　号：ISBN 978-7-5562-7480-2　　定　　价：98.00 元
若有质量问题，请致电质量监督电话：010-59096394
团购电话：010-59320018

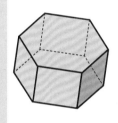

混合产品
纸张 |
支持负责任林业
FSC
www.fsc.org
FSC® C018179

www.dk.com

目 录 Contents

前 言 Introduction

卡罗尔·沃德曼编写的这本数学百科包含中小学数学的大部分知识。当你遇到不认识的符号，或者做作业有困难的时候，这本百科都会给你提供帮助。

这本百科的中译本保留了英文词条，可以在学习数学的同时学习英文。

在这本百科中，你可以找到：

从A到Z包含了上百个数学词汇的简单定义，还有图片、图示和图表帮助解释每个词汇。另外还有实际应用这个词汇的例子。相关联的词汇的交叉索引可以为你提供更多的信息。

本书在交叉索引中保留了英文，以便快速查找相应的词汇和页面。

快速运行中英双语查询

用页面右边边缘标色的英文字母，可以快捷地找到你想找的词汇。

本书还带有中英词汇对照的索引。利用按拼音排列的中文词汇，你可以快速查阅中文词汇以及对应的英文和相关的页码。

简明参考

你可以查找符号、有用的数字、前缀、度量单位，还有公制和英制的换算表。

如何使用从A到Z

主要词汇的字体是大粗体。

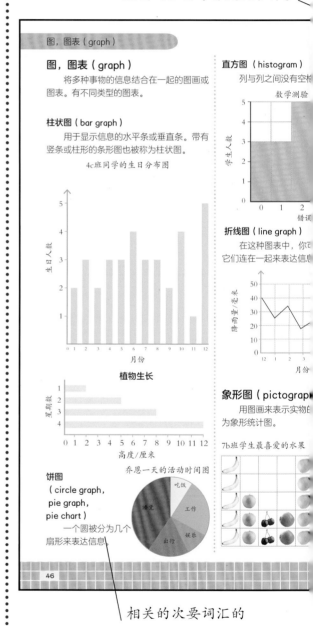

相关的次要词汇的字体是小粗体。

数百个词汇，从算盘
（abacus）到零（zero）

容易阅读

标色的版块将相关的
词汇连接起来

解释和举例帮助你理解这
个词汇的意思和应用。

一眼就可以找出符号和
相关的词汇。

书后附有简明参
考，可以快速查找
需要的换算数据

坐标纸（graph paper）
参阅：方格纸（square paper）

大于（greater than）
符号：>
多于，大于。
表达一组数字中哪个数字较大的表达式。

$$7 > 6$$
7 大于 6

参阅：不等式（inequality），
小于（less than）

网格（grid）
相交成直角的平行线的集合。网格经常
出现在地图和图表上。

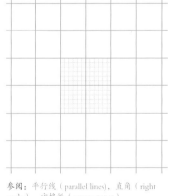

参阅：平行线（parallel lines），直角（right
angle），方格纸（square paper）

罗（gross）
十二打（12×12）；144。

组（group）

组（group）
1.把事物组合成一组。在十进制中，事
物被分为十个一组。

百位	十位	个位
2	4	3

243=2组100
4组10
3组1

2.两个或更多的人或物。

一组男孩

分组（grouping）
把事物分成几组，每组有相同的数量。
这也叫除分。
每组4个球，20个球可以分成几组？

答案是5组，每组4个。
参阅：除法（division），集合（set）

47

用页面右边边缘标
色的英文字母，可
以快捷地找到你想
找的词汇。
中文查询可利用按
拼音排列的中英对
照表快速查阅中文
词汇及其相应的英
文和相应的页码。

容易查找

图片、图示和图表帮
助解释每个词汇。

跟随这些链接可以找
到有相关含义的词汇。

理想的作业辅助工具

方便用户

算盘（abacus）

一种带有可以在杆上上下滑动的珠子的计数框。算盘是用来计数和计算的。

绝对值（absolute value）

符号：||

绝对值是在数轴上0两边的点与0的距离。一个数的绝对值永远不可能是负数。

例：

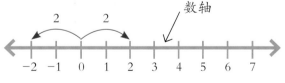

−2和2的绝对值都是2。

精确（accurate）

准确、正确、没有错误。

参阅：近似（approximation）

锐（acute）

锋利，尖锐的。

锐角（acute angle）是小于直角的角。

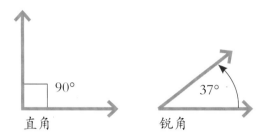

直角　　　　　　锐角

锐角三角形（acute triangle）

三个角都是锐角的三角形。

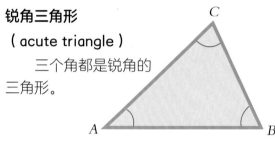

参阅：角（angle），三角形（triangle）

加法（addition）

加，增加

符号：+

加法是将两个或两个以上的数合起来，变成一个更大的数的运算。

2+3=5

20+30=50

200+300=500

注：本书角、直线、射线、数轴、坐标轴同时标一个或两个方向的箭头是尊重原书用法，国内习惯用法与此有出入。

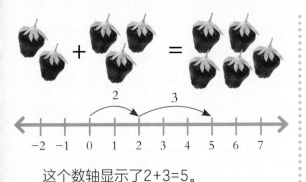

这个数轴显示了2+3=5。

加数（addend）是被加的数。

$$2+6=8$$

加数 ↑ ↑ 加数

零的加法性质
（addition property of zero）

一个数和零相加，总数（和）还等于这个数。

$$4+0=4$$
$$0+12=12$$

加法的逆运算（additive inverse）

一个数和它的相反数相加，结果永远是零。

$$8 + (-8) = 0$$

8 ↑ ↑ 8的相反数

竖式加法（column addition）

将加数纵向排列，个位对个位、十位对十位……

$$\begin{array}{r} 43 \\ + \;21 \\ \hline 64 \end{array} \qquad \begin{array}{r} 57 \\ + \;15 \\ \hline 72 \end{array} \qquad \begin{array}{r} 24 \\ + \;72 \\ \hline 96 \end{array}$$

十位数 ↑ ↑ 个位数

参阅：逆（inverse），数轴（numberline），和（sum），零（zero）

相邻（adjacent）

彼此相邻，有共同的点或边。

我的房间和你的浴室是相邻的。

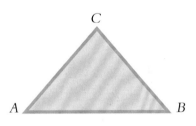

AB边和AC边相邻。

代数（algebra）

代数是数学的一个分支。在代数中，用字母和符号表示数和数量。

1朵花+1朵花=2朵花

$$5-x=2$$

代数式（algebraic expression）

代数式是一个数学表达式，其中包含至少一个数和一个未知数（未知数用变量表示），没有等号。

$$3y-x$$

参阅：数字（numeral），未知数（pronumeral），变量（variable）

算法（algorithm）

用来解决问题的一套规则或方法。

例：

用积木求3×4等于多少。

第一步：拿出一组有4块的积木。

第二步：拿出第二组和第三组积木，每组都是4块。

第三步：把其中10块积木排成一长列。

第四步：写下你的答案。

3×4=12

参阅：十进制方块（base ten blocks）

对齐（align）

位于或在同一条直线上。

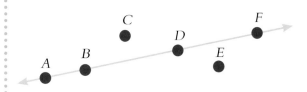

A、B、D和F是对齐的，但C和E不是。

参阅：线（line）

海拔高度（altitude）

高度。某物高出地球或海洋表面的高度。

这架飞机的海拔高度是2,000米。

参阅：高度（height）

2,000 m

上午（a.m.，ante meridiem）

参阅：时间（time）

角（angle）

角是一条射线围绕一个固定点（顶点）从一个位置旋转到另一个位置形成的图形。角的单位是度（°）。

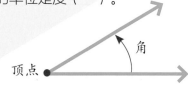

角

顶点

内错角（alternate angles）

两条直线被第三条直线所截，两个角分别在截线两侧，且夹在两条被截线之间的角。

角的名称（angle name）

字母通常用来表示角。

内角和（angle sum）

多边形（平面图形）所有的内角相加的结果。任何一个三角形的内角和都是180°。

$a° + b° + c° =180°$

任何一个四边形的内角和都是360°。

$a° + b° + c° + d° = 360°$

数量（amount）

一些东西的总数或你拥有的东西的多少。

例：我的钱包里总共有4.5元。

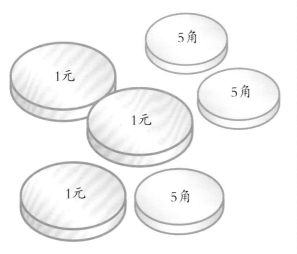

指针式钟表（analogue clock）

一种表盘上写着数字1到12的钟表和手表，并有两根指针指向这些数字，以此显示时间。

参阅：数字式钟表（digital clock）

年度的，每年的（annual）

1.一年只发生一次的事件。

例：年度花展。

2.每年的，以年计。

例：年利率是 6%。

参阅：利息（interest），百分之（per cent）

每年（per annum）每一年

逆时针（anticlockwise）

和时钟指针旋转方向相反的旋转。

螺丝和瓶盖朝逆时针方向旋转可以将它们拧松。

美国使用"counterclockwise"一词。

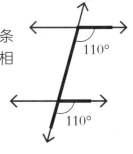

例：

如果时钟快了十分钟，应该将分针逆时针旋转十分钟。

参阅：顺时针（clockwise）

角的边（arm of an angle）

形成一个角的边。

余角（complementary angles）

若两角之和是90°，则称这两个角互为余角。

同位角（corresponding angles）

一条直线穿过两条平行线而产生的两个相等的角。

参阅：锐（acute），度（degree），钝角（obtuse angle），平行线（parallel lines），直角（right angle），平角（straight angle），顶点（vertex）

顶点（apex）

复数：apexes
顶端；最高点；
离底最远的点。

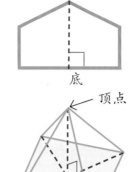

参阅：底（base），
顶点（vertex）

近似（approximation）

逼近（approximating）
大约（approximately）

符号：≈ ≑ ≙

一个接近但不精确的结果。

近似的方法之一是把数字向上或向下舍入计算答案。

例：

0.9 ≈ 1

798 × 2.1 ≈ 800 × 2 ≈ 1,600

参阅：精确（accurate），舍入（rounding）

任意单位（arbitrary unit）

用来帮助我们测量的度量单位。

拃、步长、计数器、瓶盖、苹果等都可以作为任意单位。

例：

这个长方形的面积有16个苹果那么大。

参阅：拃（handspan），步长（pace）

弧（arc）

曲线的一部分。

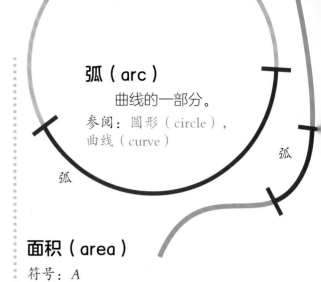

参阅：圆形（circle），
曲线（curve）

面积（area）

符号：A

表面的大小或数量。

面积是用平方单位度量的，比如平方厘米（cm²）。

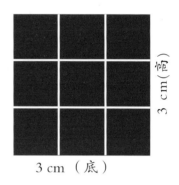

3 cm（底）× 3 cm（高）＝9 cm²

参阅：面积守恒（conservation of area），
公式（formula），表面（surface），
度量单位（unit of measurement）

算术（arithmetic）

数学中处理数的分支。我们用算术计算小数、整数和分数。包括加法、减法、乘法和除法。算术也用来进行测量，求解文字应用题、计算货币等。

参阅：计算（computation）

算术平均数（arithmetic mean）

参阅：平均数（average），平均数（mean）

排列（array）

以列或行排列物体或数字。

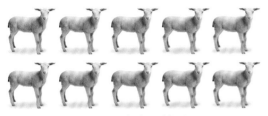

这是一群羊的排列。

箭头图（arrow diagram）

箭头图是用箭头来显示两个物体之间关系的图。

例：

1. 一组数字之间的关系。

6　　　　　　10

20　　　　　　30

小于关系

2. 两个集合之间的联系或关系。

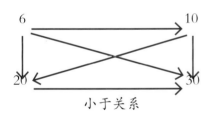

汉娜

杰克

凌

玛丽亚

妮莎

孩子们和他们最喜欢的宠物。

多对一对应（many-to-one correspondence）

指第一个集合中的多个项目和第二个集合中的一个项目相关联。

参阅：映射（mapping），一一对应（one-to-one correspondence），关系（relation），集合（set）

升序（ascending order）

数值从小到大的顺序。

参阅：增加（increase），顺序（order），模式（pattern），序列（sequence）

斜的（askew）

不是直的；有角度的。

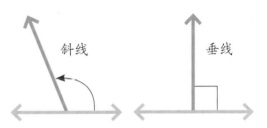

斜线　　　　　　垂线

参阅：垂直的（perpendicular）

结合律（associative laws）

加法结合律和乘法结合律告诉我们，当你把三个或三个以上的数相加或相乘时，无论先运算哪两个，答案都是一样的。

例：

加法：		$3 + 7 + 9 = 19$
所以		$3 + 7 = 10; 10 + 9 = 19$
或者		$7 + 9 = 16; 16 + 3 = 19$

乘法		$3 × 7 × 9 = 189$
所以	$3 × 7 = 21; 21 × 9 = 189$
或者	$7 × 9 = 63; 63 × 3 = 189$

参阅：交换律（commutative laws）

不对称（asymmetry）

在某些方面有不相同（对称）的部分。没有对称轴的图形被称为不对称。

不对称

对称

对称轴

参阅：对称轴（line of symmetry），对称（symmetry）

属性（attribute）

物体的特征，比如大小、形状或颜色。

参阅：分类（classification），性质（property）

平均数（average）

一个可以代表整个数据集合的平均数。它是通过把所有的数据加在一起，并将答案（总和）除以数据的个数得到的。

例：计算2、5、4、6、3的平均数。

$$平均数 = \frac{数据之和}{数据的个数}$$

$$= \frac{2+5+4+6+3}{5}$$

$$= \frac{20}{5}$$

$$平均数 = 4$$

平均数还有一个英文名称：mean，也称为算术平均数。

参阅：平均数（mean），得分，评分（score），和（sum）

轴（axis）

英文复数：axes

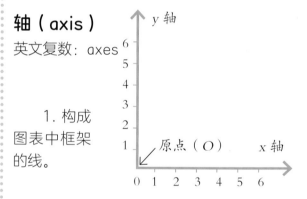

1. 构成图表中框架的线。

2. 一条穿过图形或物体中心的线。当轴两边的部分看起来一样时，这条线就被称为对称轴。

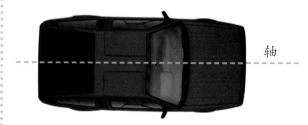

参阅：坐标（coordinate），图表（graph），对称轴（line of symmetry），原点（origin）

Bb

平衡，结余（balance）

1. 质量平均分布。

平衡

不平衡

2. 天平是一种用来称量物体质量的秤。

3. 银行账户里的金额。
你的银行账户的存款：50.00英镑。
你拿出去买玩具的钱：10.00英镑。
现在你的结余：40.00英镑。

柱状图（bar graph）

参阅：图表（graph）

底，基（base）

一个图形或实体所立足的面（表面）。

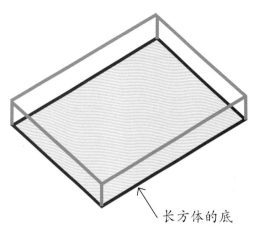

长方体的底

底线，基线（base line）

1. 一个坐标系的横轴称为底线。

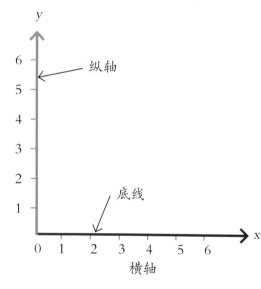

2. 用来比较物体高度的基线。

参阅：轴（axis），水平线（horizontal line），垂直（vertical）

十进制方块（base ten blocks）

一组用来表示数的木制或塑料方块。最常用的是十进制方块。

一组十进制方块包括：

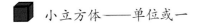

小立方体——单位或一

长条——10个小立方体连在一起

平面或正方形——100个小立方体组成一个正方形

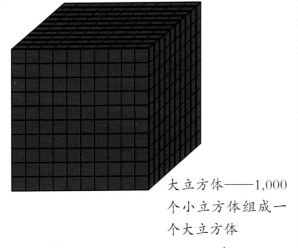

大立方体——1,000个小立方体组成一个大立方体

十进制（base ten system）

我们每天使用的数字系统。我们用10个数字（0、1、2、3、4、5、6、7、8、9）来组成所有数。

参阅：十进制位值系统（decimal place-value system）

基本事实（basic fact）

对一位数0、1、2、3、4、5、6、7、8和9进行的运算（加、减、乘、除）。

加法

$0+0=0$ $0+1=1$
$1+1=2$ $9+9=18$

乘法

$0 \times 0=0$ $0 \times 1=0$
$1 \times 1=1$ $9 \times 9=81$

参阅：数字（digit），运算（operation），零（zero）

天平（beam balance）

任何使用横梁的平衡器。

等臂杠杆

天平通过平衡原理用已知质量的物体来测量另一个物体的质量。

参阅：平衡，结余（balance），质量（mass）

双（bi）

加在英文单词前面的前缀，表示两或两次的意思。

例：

二百周年 (bicentenary)

一个事件发生后的第二百年。

自行车（bicycle）有两个轮子。

参阅：平分（bisect）

十亿，万亿（billion）

在一些说英语的国家，一个 billion 是指一千个百万，即十亿。写作：

1,000,000,000

在很多欧洲国家，一个 billion 是指一百万个一百万，即1万亿。写作：

1,000,000,000,000

二进制（binary）

一种以2为基数的数学系统，只用两个数字（0和1）来表示数。所有数都能用二进制系统表示。计算机系统通常使用二进制代码编写。

平分（bisect）

将某物切割或分成相等的两部分。

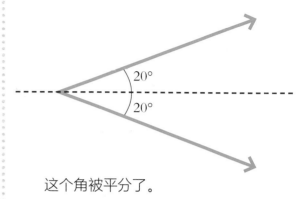

这个角被平分了。

边界（boundary）

沿着一个区域的边缘的线。这个六边形的边界是它边缘的6条边。

参阅：周长（perimeter），区域（region）

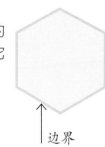

边界

括号（brackets）

（）[ ] { }等符号用于将事物或数分组。运算时，先算括号里的数字。

$$25 -（2+3）=?$$
$$2+3=5$$
$$25 - 5 =20$$

参阅：
运算顺序（order of operations）

宽度（breadth）

某物从一边到另一边的长度。breadth 和 width 的意思一样。

参阅：宽度（width）

Cc

计算（calculate）

求出答案。

卡路里（calorie）

单位：千卡（kcal），
卡（cal）

测量食物能量的术
语，也被称为千卡。它是
使1克水的温度升高1℃所需的热量。一
个中等大小（160克）的橙子含有59千卡
能量。

约分（cancelling）

将分数化为最简形式。约分后分数的大
小不变，但分子和分母都变小了，变得更容
易计算。

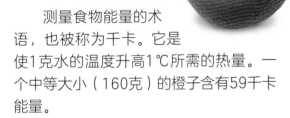

$$\frac{6}{12} = \frac{3}{6} = \frac{1}{2}$$

约分是用分子和分母都除以相
同的数。

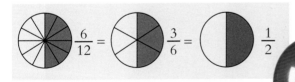

分子
分母
$$\frac{15 \div 3}{21 \div 3} = \frac{15^5}{21^7} = \frac{5}{7}$$

参阅：分母（denominator），因数（factor），
约数（approximate number），
分数（fraction），分子（numerator）

容积（capacity）

容器可以容纳的量。
容积用立方单位度量，
比如立方厘米（cm³）。

大牛奶盒的容积是1,000
立方厘米（cm³）。

一满盒牛奶的量
（体积）是1升。
即使倒出一些牛
奶，纸盒的容积
也不会变。

牛奶
½升

牛奶
1升

参阅：立方单位（cubic unit），
体积（volume）

基数（cardinal number）

一个集合中所有元素的数量。当我们对
集合中的元素进行计数时，我们
给每个元素一个编号，从1开
始。这些编号是按顺序排列
的。最后一个编号就是
这个集合的基数。

例：
有几个气球？
这组气球的集合的
基数是4。

参阅：计数（counting），
序列（sequence），
集合（set）

卡罗尔图（Carroll diagram）

参阅：图，示意图（diagram）

进位（carrying）

在算术中，每个数位上的数超过基数时向前一位数进一。例如在十进制数的算法中，个位满十，在十位中加一。

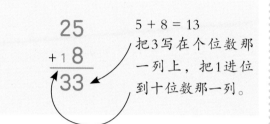

$$25$$
$$+ 18$$
$$33$$

5 + 8 = 13
把3写在个位数那一列上，把1进位到十位数那一列。

摄氏度（Celsius）

符号：℃

用于度量温度的刻度。在标准大气压下，水在0℃时结冰，在100℃时沸腾。摄氏度的英文也可以写成centigrade。

水在100℃时沸腾。

参阅：温度（temperature），温度计（thermometer）

分（cent）

美分的符号：¢

一些国家的货币单位。例：1美分是一美元的一百分之一。

1美分=0.01美元　1美元=100美分

参阅：美元（dollar）

厘（centi）

centi是英文词的前缀，意思是百分之一。1厘米是1米的一百分之一。

厘克（centigram）

符号：cg

厘克是质量单位。

100厘克（cg）
=1克（g）
=0.00001
千克（kg）

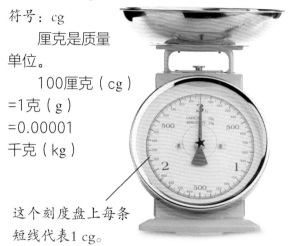

这个刻度盘上每条短线代表1 cg。

厘升（centilitre）

符号：cL

100厘升（cL）=1升（L）

厘米（centimetre）

符号：cm

公制长度单位。100厘米（cm）=1米（m）

参阅：容积（capacity），十进制的（decimal），长度（length），度量单位（unit of measurement）

中心（centre）

某物中间的一点，这一点与所有外围的点的距离相等。

参阅：圆（circle），半径（radius)

世纪（century）

一百年。

从1901年1月1日到2000年12月31日是20世纪。21世纪从2001年1月1日开始。

确定（certain）

某事件发生的可能性是100%。

参阅：可能性（chance），事件（event)，可能性（probability）

可能性（chance）

事件发生的可能性。

参阅：事件（event），可能性（probability）

检查（checking）

确保答案正确的一种方法。检查的方法之一是使用逆运算。

1.加法可以用减法来检查。

$$15+28=43$$
$$43-28=15$$

43是正确答案。

---

2. 除法可以用乘法来检查。

$$20÷4=5$$
$$5×4=20$$

5 是正确答案。

参阅：逆（inverse）

分块（chunking）

把数字分成几部分以使计算更容易的方法。

$$46+28=40+6 和 20+8$$

十位数相加：$40+20=60$

个位数相加：$6+8=14$

$$60+14=74$$

参阅：舍入（rounding）

圆（circle）

一种具有弯曲边缘的二维图形，曲线的每一部分与圆心的距离相等。

弦（chord）

连接圆上任意两点的线段。直径是圆中最长的弦，直径总是经过圆心。

饼图（circle graph）

饼状图的另一个名称。

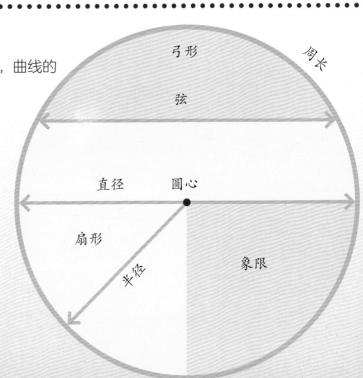

圆（circle）

圆形的二维图形（见本页下半部分）。

类（class）

类是有共同属性的一个集合或一组物体。

三角形、正方形、长方形等都属于多边形。

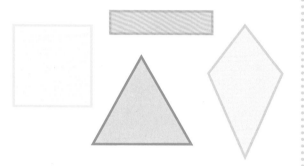

分类（classification）

根据事物的特点分别归类。

参阅：属性（attribute），性质（property），排序（sorting）

顺时针（clockwise）

时钟指针正常走的方向。按顺时针拧螺丝和瓶盖，可以将其拧紧。

时钟上的指针按顺时针方向运转。

参阅：逆时针（anticlockwise）

圆形的（circular）

圆的形式；圆的。圆的一半形状的东西是半圆形的。

量角器是半圆形的。

圆周（circumference）

圆形的边，周长。

参阅：圆心（centre），直径（diameter），图表（graph），周长（perimeter），圆周率（pi），平面（plane），象限（quadrant），半径（radius），扇形（sector）

飞镖盘是圆形的

a
b
c
d
e
f
g
h
i
j
k
l
m
n
o
p
q
r
s
t
u
v
w
x
y
z

封闭图形（closed shape）

边在同一点开始和结束的二维图形（多边形）。

参阅：
多边形（polygon），
图形（shape）

封闭图形

密码（code）

密码是用文字、字母或符号代表其他字母、文字或句子的系统。密码可用于秘密书写或发送信号。

/ M̲ /O̲ /T̲ . H̲ ../E̲. R̲./

这是 mother（母亲）的莫尔斯电码。

系数（coefficient）

代数项中变量前面的数字。

$3y$

3是 y 的系数。

参阅：代数（algebra），
变量（variable）

列（column）

垂直排列。

| 13 |
| 5 |
| 18 |
| 27 |
| 9 |
| 31 |

一列数　　　　　一列汽车

组合（combination）

将对象分组的一种方式。

这一组有4个图形：

可能的配对方式包括：

1.
2.
3.
4.
5.
6.

每一对都是一个组合。图形摆放的顺序并不重要。

参阅：排列（permutation），集合（set），子集（subset）

组合图形（combined shapes）

由两个或两个以上的多边形组成的二维图形，也被称为复杂图形。

计算组合图形的面积：

1.先把它分解成简单图形。

2.计算每个简单图形的面积。

3.把这些面积加起来得出总面积。

$A_1 + A_2 =$ **总面积**

参阅：面积（area）

公分母（common denominator）

两个或多个分数的公分母是一个可以被所有分数的分母的整除的数。

6、12和18可以被这些分母整除，所以它们都是这些分数的公分母。

分母

参阅：分母（denominator），分数（fraction），最小公分母（lowest common denominator）

普通分数（common fraction）

参阅：分数（fraction）

交换律（commutative laws）

我们可以把两个或两个以上的数以任何顺序相加或相乘，结果都是一样的。

$$6+4=10$$
$$4+6=10$$

$$3×8=24$$
$$8×3=24$$

参阅：结合律（associative laws）

比较（comparison）

观察物体、尺寸或数量，看看它们有哪些相同之处和不同之处。

参阅：除法（division），比例（ratio）

指针

指南针（compass）

指示方向的仪器。它标有北（N）、东（E）、南（S）和西（W）。指南针的红色指针总是指向北方。所有其他方向都可以通过将指针与N对齐来找到。

罗盘方位（compass bearing）

事物相对于北方的方向，通常用度数来衡量。

相同高度　　　　　不同高度

a
b
c
d
e
f
g
h
i
j
k
l
m
n
o
p
q
r
s
t
u
v
w
x
y
z

圆规
（compasses）

一种用来画圆和标识等长的工具。也称为一副圆规。

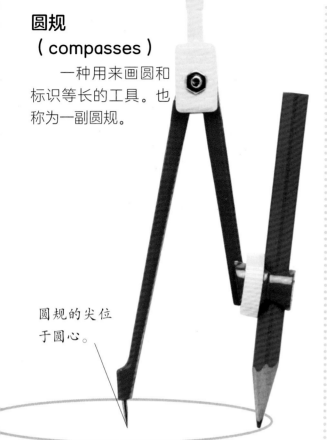

圆规的尖位于圆心。

近似数（compatible numbers）

易于估计乘法或除法的结果的数字，因为它们易于用来乘或除。

例：

估算42×9，可以把42近似为40，9近似为10。42×9就可近似为40×10=400。40和10就是近似数。

参阅：估算（estimate），舍入（rounding）

补数（complement）

使整体完整或充满的东西。

例：

20和80是100的补数。

补数加法（complementary addition）

1. 找到使等式成立的数。例如，7加几等于10?

$$7+?=10$$

必须加上3。

2. 逐渐相加得到答案。

例：

我买东西花了17.50元。

我付了一张20元纸币。

收银员应该找给我多少钱?

我的找零是通过计算17.50元加多少钱才能得到20元计算出来的。

我得到2.50元的找零。

$$17.50+?=20$$

3. 把减法问题转换成加法问题的"减法"方法。

例：

$$?-19=2$$

可以看作：

$$19+2=?$$

答案是21。

参阅：加法（addition），减法（subtraction）

合数（composite number）

有除自身和1以外的因数的自然数。因数是能整除另一个整数的整数。

$$12 = 12 \times 1$$
$$\mathbf{或} \quad 3 \times 4$$
$$\mathbf{或} \quad 6 \times 2$$
$$\mathbf{或} \quad 3 \times 2 \times 2$$

12 是合数。

每个大于1的整数要么是合数（4，6，8，9，10，12，14，…），要么是质数（2，3，5，7，11，…）。

参阅：因数（factor），
质数（prime number）

复合运算（compound operation）

参阅：运算顺序（order of operation）

计算（computation）

用加法、减法、乘法或除法计算（算出）数学问题的答案。这些运算可以是心算、笔算，或者借助算盘、表格、计算器或计算机等计算辅助工具进行的。

参阅：算盘（abacus），
运算（operation），
表格（table）

凹（concave）

向内弯曲的形状或像碗的内侧那样的形状。

凹

参阅：凸（convex）

同心圆（concentric circles）

两个或两个以上有相同圆心的圆。

参阅：圆（circle）

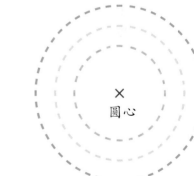

×
圆心

圆锥体（cone）

有圆形底座、顶部形成一点，类似冰激凌蛋筒形状的立体图形。

参阅：立体图形（solid），
三维的（three-dimensional）

全等（congruent）

符号：≅

大小和形状完全相同。

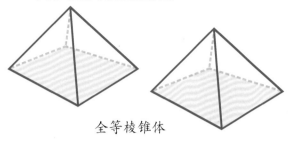

全等棱锥体

全等三角形（congruent triangles）

边和角大小相同的两个或多个三角形。

参阅：三角形（triangle）

对应边（corresponding sides）

把两个全等的三角形重合到一起，重合的边叫对应边。

参阅：相似（similar）

推测，猜想（conjecture）

基于完整信息的猜测。

连续数（consecutive numbers）

一个序列中按规律排列的数。

1 2 3 4 5 6 7 8

参阅：序列（sequence）

面积守恒（conservation of area）

即使图形形状不同，但面积相等。

这三个图形的面积都是3平方厘米。

参阅：面积（area）

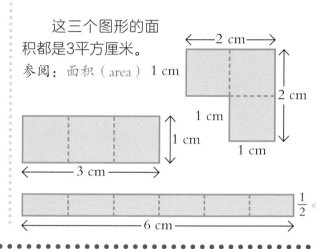

坐标（coordinate）

表示某物体位置的一组数或字母。你可以用一对坐标来查找平面（比如地图）上的点的位置。第一个数是x轴坐标（表示横向的距离），第二个数是y轴坐标（表示纵向的距离）。

比如我们给人指路时说："先沿着走廊向右走，再顺着楼梯往上。"

1.坐标可以画在坐标平面上——一个有x轴和y轴的图表。坐标写在括号里。

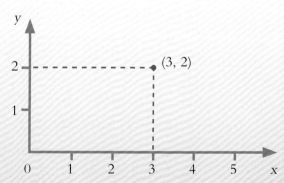

点（3，2）的x轴坐标是3，y轴坐标是2。

常数（constant）

常数是指固定不变的数值，是变量的反义词。

$$2c+6$$

6是常数

连续数据（continuous data）

可以用测量工具和仪表测量的连续信息（数据）。比如温度、质量或距离。

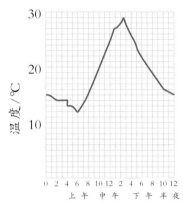

曼彻斯特的气温统计图

参阅：数据（data），离散数据（discrete data）

汇聚线（converging lines）

在同一点相交的两条或两条以上的线。

参阅：透视（perspective）

凸（convex）

形状像圆或球的外部。凹的反义词。

凸

骑行头盔的上部是凸形的。

参阅：凹（concave）

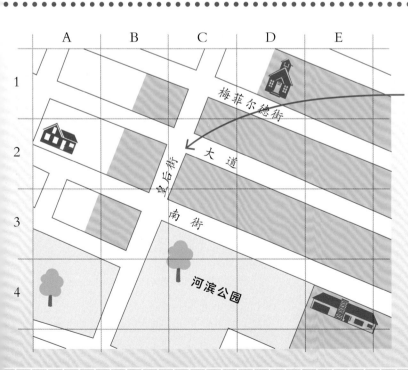

2.大道和皇后街的交会处是C2。

我的房子在A2。我祖母的房子在D1。我的学校在E4。

参阅：轴（axis），图表（graph），交点（intersection），有序数对（ordered pair），原点（origin）

a
b
c
d
e
f
g
h
i
j
k
l
m
n
o
p
q
r
s
t
u
v
w
x
y
z

相关（correlation）

两个事物之间的联系。

对应（correspondence）

参阅：箭头图（arrow diagram），一一对应（one-to-one correspondence）

成本价（cost price）

生产或购买某物的价格。

汽车经销商用10,000元买了一辆汽车。这辆汽车的成本价是10,000元。

参阅：售价（selling price）

计数（counting）

给集合中的每个元素一个数字，这些数字是有顺序的。

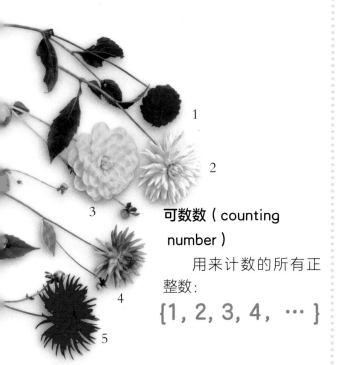

1

2

3

4

5

可数数（counting number）

用来计数的所有正整数：

$$\{1, 2, 3, 4, \cdots\}$$

零不是可数数。

计数系统（counting system）

一种计算有多少个物体的方法。

参阅：基数（cardinal number），小数（decimal），序列（sequence），集合（set）

计数原则（counting principle）

如果有几种物品，每种有同样多的选择。用物品的数目乘可选择的数目，就得到可选择的总数目。

例：

餐馆提供两种比萨。你可以从4种配料中选择一种。

奶酪比萨

香肠比萨

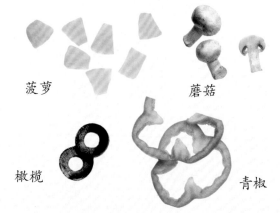

菠萝　　　　　　　　　蘑菇

橄榄　　　　　　　　青椒

每种比萨有五种选择：4种配料中的一种或者不加任何配料。因此，总共有10个（2种比萨×5个选择）选择。

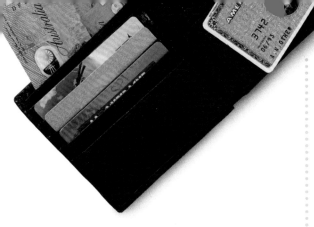

立方体（cube）

形状像盒子的立体图形，有12条相等的边、6个相等的正方形面和8个顶点。

立方体是长方体的一种。

这是一个边长为2厘米的立方体的示意图。

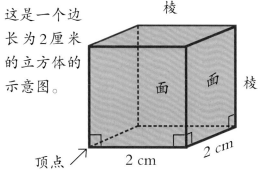

棱

面 面 棱

顶点 2 cm 2 cm

贷记；信贷，信用卡（credit）

1.支付的钱。

例：

他的银行对账单显示了他上个月的欠款。

2.一份协议，约定在稍后日期支付金钱、商品或服务的费用。

例：

他用信用卡买了一张床。

参阅：借记（debit）

这个魔方由27个小立方体组成。

参阅：长方体（cuboid），
面（face），
六面体（hexahedron），
立体（solid）

几何体的横截面（cross-section of a solid）

从一侧到另一侧切开物体的切面。

柠檬的横截面

参阅：面（face），正视图（front view），
俯视图（plan），平面（plane），
截面（section），侧视图（side view）

立方数（cubed number）

一个数的立方是将这个数乘3次的乘积。

$$4^3$$ ⟵ 指数

⟵ 底数

4^3是指 $4 \times 4 \times 4$或64。我们读作"4的立方"或"4的三次方"。

参阅：指数（index），
数的幂（power of a number），
数的平方（square of a number）

a b c d e f g h i j k l m n o p q r s t u v w x y z

立方单位（cubic unit）

测量体积的方法。

立方厘米（cubic centimetre）用来测量体积的单位。

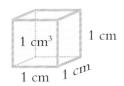

立方米（cubic metre）用来测量体积的单位。

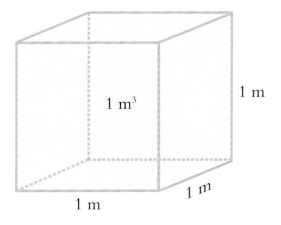

一个棱长1米的立方体的体积是1立方米。1立方米的容积是1千升。

参阅：容积（capacity），立方体（cube），度量单位（unit of measurement），体积（volume）

长方体（cuboid）

一种三维的盒状形状，有12条棱、6个面和8个顶点。相对的面的形状和大小完全相同。鞋盒、麦片盒和光盘盒都是长方体。

参阅：立方体（cube），六面体（hexahedron），棱柱（prism）

曲线（curve）

没有直线部分的线。有开放曲线和封闭曲线。

开放曲线

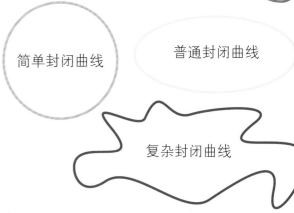

简单封闭曲线

普通封闭曲线

复杂封闭曲线

参阅：圆（circle），椭圆（ellipse）

传统度量系统（customary measurement system）

美国主要的度量系统。它以前在英国使用，被称为英制度量系统。我们仍然使用一些英制术语，比如英里（mile）、品脱（pint）、盎司（ounce）、磅（pound）、英石（stone）。

圆柱体（cylinder）

与罐头的形状相似。它有两个底面和一个曲面，底面和曲面相垂直。

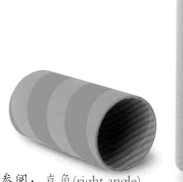

参阅：直角(right angle)

Dd

数据（data）

一组事实数字、测量结果或符号的集合。

例：

学生们的数学测验成绩：

杰克	15
英珠	16
马赛尔	18
伊莎贝拉	19
乔	20

借记（debit）

从账户中取出的一笔钱。

参阅：贷记（credit）

十（deca）

英文词的前缀，表示十。

十克（decagram） 公制质量单位，表示 10 g。

十升（decalitre） 公制体积单位，表示 10 L。

十米（decametre） 公制长度单位，表示 10 m。

参阅：十边形（decagon），
十面体（decahedron）

十年（decade）

十年

十边形（decagon）

有10条边的多边形（二维图形）。

正十边形　　不规则十边形

参阅：多边形（polygon）

十面体（decahedron）

有10个面的多面体（三维图形）。

例：

这个十面体是由两个四棱锥连接在一起，并切掉了它们的顶部组成的。

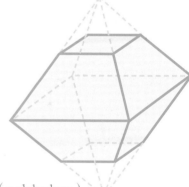

参阅：多面体（polyhedron）

十分之一（deci）

英文词的前缀，表示十分之一。

分克（decigram） 度量质量的公制单位，表示十分之一千克。

分升（decilitre） 度量体积的公制单位，表示十分之一升，即100毫升。

分米（decimetre） 度量长度的公制单位，表示十分之一米，即10厘米。

a
b
c
d
e
f
g
h
i
j
k
l
m
n
o
p
q
r
s
t
u
v
w
x
y
z

十进制的，小数（decimal）

由10个基本数字组成。

十进制分数（decimal fraction）

分数可以写成小数。

普通分数 $\dfrac{1}{10}$ = 0.1 小数

十进制位值系统（decimal place-value system）

以10为一组的数字系统。它也被称为以10为基数的系统或十进制系统。

数字的位置表示它的值。

1,000 是 10^3，在1后有三个 0 。

0.01 是 10^{-2}，在1前有两个 0 。

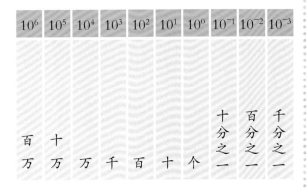

10^6	10^5	10^4	10^3	10^2	10^1	10^0	10^{-1}	10^{-2}	10^{-3}
百万	十万	万	千	百	十	个	十分之一	百分之一	千分之一

小数点（decimal point）

将一个数（十进制分数）的整数部分和小数部分分开的点。

在许多欧洲国家和世界其他地方使用逗号代替点。

32.4

↑
小数点
↓

7,62

参阅：十进制（base ten system），位值（place value）

减少（decrease）

使变小或减少。

要减少某物，你必须减去一个数或除以一个数。

例：

瓶子的数目通过减去1以后，从3减少到了2。

参阅：增加（increase）

扣除（deduct）

拿走。减法的另一种说法。

参阅：减法（subtraction）

度（degree）

符号：°

在几何学中，度是角的度量单位。

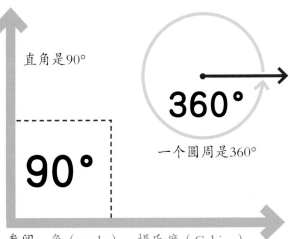

直角是90°

90°

360°

一个圆周是360°

参阅：角（angle），摄氏度（Celsius）

分母（denominator）

分数中写在分数线下面的数字。它告诉我们整体中有多少部分。

例：

这个圆被分成6等份。

$$\frac{5}{6}$$ ← 分子
← 分母

在 $\frac{5}{6}$ 中，分母是6。

同分母（like denominator）

相同的分母，公分母。

$$\frac{1}{8} + \frac{3}{8}$$

异分母（unlike denominator）

不同的分母。

$$\frac{1}{2} + \frac{3}{5}$$

参阅：分数（fraction），
最小公分母（lowest common denominator），
分子（numerator）

深度（depth）

某个物体有多深。

深度是从上到下、从前到后或从表面到里面测量的。

盒子的深度

降序（descending order）

数值下降或减小。

例：

以下长度是以降序排列的：

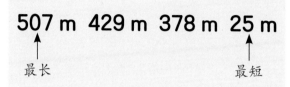

507 m 429 m 378 m 25 m

最长　　　　　　　　最短

斜的，对角线（diagonal）

1.倾斜的东西。

2.在一个图形中，连接不相邻的两个顶点的斜线。

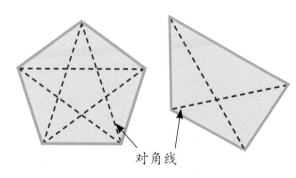

对角线

图，示意图（diagram）

展示信息的图。

例：

这个卡罗尔图（Carroll diagram）显示了物体是如何被分类成组的。

	黑色	非黑色
正方形		
非正方形		

直径（diameter）

经过圆心，并从圆上一点到达另一点的直线。

参阅：圆形（circle），
线（line），
半径（radius）

菱形（diamond）

有4条相等的边和4个不是直角的角的二维图形。

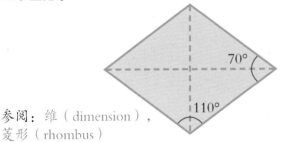

参阅：维（dimension），
菱形（rhombus）

骰子（die）

英文复数：dice

有规则三维形状的物体，通常是用点或数字标记的一个立方体。

一个骰子　　　两个骰子

有的骰子有不止6个面。

差（difference）

一个量（如数或尺寸）比另一个量大或小的量。你可以通过用较大的数减去较小的数来求差。

例：

$$10 - 3 = 7$$

10和3的差是 7。

维（dimension）

尺寸的度量，包括长度、宽度和高度。

1.一维（1D）物体只有长度。

例：直线、曲线

2.二维（2D）物体有长度和宽度。

例：多边形、圆

3.三维（3D）物体有长度、宽度和高度。

例：长方体、锥体

点没有维度。

参阅：一维的（one-dimensional），
平面（plane），空间（space），
三维的（three-dimensional），
二维的（two-dimensional）

数字（digit）

0到9都被称为数字。它们被用来组成其他数。

例：

56是一个两位数。

813是一个三位数。

参阅：位值（place value）

数字式钟表（digital clock）

用数字显示时间的时钟或手表。它没有指针。

例：

这个钟表显示的时间是9:50。

参阅：指针式时钟（analogue clock），时间（time）

维（dimension）

尺寸的度量（见第32页）。

方向，方位（direction）

1.路该怎么走。

左、右、上、下、里、外面、对面、附近、向前、向后等。

2.指南针所指的方位。

北（N）、东（E）、南（S）、西（W）、东北（NE）、东南（SE）、西南（SW）、西北（NW）。

参阅：逆时针（anticlockwise），顺时针（clockwise），指南针（compass）

正比例（direct proportion）

参阅：比例（proportion）

折扣（discount）

如果某物的价格降低了，那就是打折出售。折扣通常是指售价的百分比。

5折出售

离散数据（discrete data）

基于计数的一组数据。它处理的是整数（不能被分解成更小部分的东西，比如目标——你不能有半个目标）。

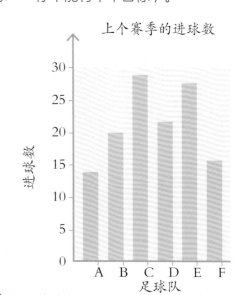

上个赛季的进球数

参阅：连续数据（continuous data），数据（data）

替换，位移（displacement）

物体或材料的位置的变化。

例：

把一个骰子放进水里会排开一些水。排开的水的体积就等于骰子的体积。

参阅：体积（volume）

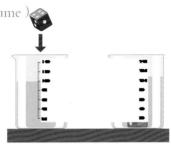

距离（distance）

两点之间的长度。

分配（distribute）

给每个人一份。

例：

妈妈要分配蛋糕。

除法（division）

把一个量分成更小的、相等的几组。

这可以通过不同的方式实现：

1.分组（除分）

例：

共有15个苹果，每3个分成一组，共有多少组？

把苹果每3个分成一组。

$$15 \div 3 = 5$$

有5组苹果,每组3个。

2. 划分，分配

例：

把15个苹果分给5个孩子，每个孩子会得到几个苹果？

这些苹果要分成5等份。

$$15 \div 3 = 5$$

每个孩子将得到3个苹果。

3. 比例（比较数量）

果汁和水的比例是1：5（1份果汁兑5份水）。

20毫升　　　兑　　　100毫升

100毫升水需要多少果汁？

你可以用100除以5得到答案。

$$100 \div 5 = 20$$

你需要20毫升果汁。

参阅：比例（ratio）

分布（distribution）

参阅：频率分布（frequency distribution）

分配律（distributive property）

两个数的和与一个数相乘，可以把两个加数分别与这个数相乘，再把两个积相加。

$$3 \times 24$$
$$= （3 \times 20）+（3 \times 4）$$
$$= 60 + 12$$
$$= 72$$

被除数，红利（dividend）

1.被另一个数除的数。

$$24 \div 6 = 4$$

被除数　　除数　　商

24是被除数

2.你投资得到的利息。

参阅：除法（division），利息（interest），商（quotient）

可被整除的（divisible）

一个数能被另一个数整除，那么除后没有余数。

$$72 \div 9 = 8$$

72可以被9整除，也可以被8整除。

注：任何数都不能被0整除。

除数（divisor）

能除另一个数的数。

$$24 \div 6 = 4$$

被除数　除数　商

6是除数。

参阅：被除数（dividend），因数（factor），商（quotient），比例（ratio），余数（remainder）

整除检验

一个数可以被以下数整除	如果	例
2	个位上的数字是偶数	2,4,6,122,358, 1,000
3	所有位数上的数字的和可以被3整除	261:2+6+1=9 18:1+8 =9
4	最后两位数可以被4 整除	124:24 ÷ 4=6
5	个位上的数字是5或0	15,70,…
6	个位数是偶数，而且所有位数上的数字的和可以被3整除	7,446:7+4+4+ 6=21
7	没有整除检验	
8	最后三位数可以被8 整除	5,384:384 ÷ 8= 48
9	所有位数上数的和可以被9整除	3,123:3+1+2+ 3=9
10	个位上的数字是0	10,20,30,…

十二边形（dodecagon）

有12条边的二维形状（多边形）。

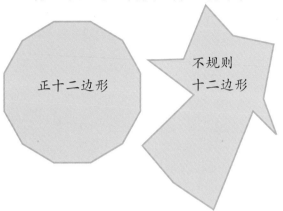

正十二边形

不规则十二边形

参阅：多边形（polygon）

十二面体（dodecahedron）

有12个面的三维形状（多面体）。正十二面体由12个正五边形组成。

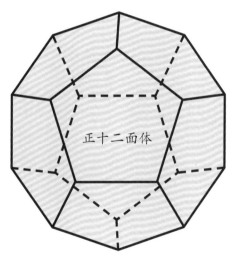

正十二面体

参阅：五边形（pentagon），多面体（polyhedron）

美元（dollar）

符号：$

一种用于北美洲、澳大利亚和新西兰的货币单位。1美元等于100美分。

参阅：分（cent）

点纸（dot paper）

用排列成一种模式的点印刷的纸。它用于画图形、玩游戏和记录在几何板上完成的作品。

例：

方格点纸

等距点纸

参阅：几何板（geo-board），方格纸（square paper）

两倍（double）

是原来的两倍或再来一份相同的。

8的两倍是16。
10是5的两倍。

打（dozen）

12个。
1打鸡蛋=12个鸡蛋。

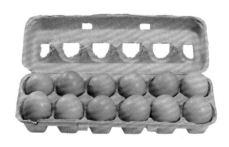

Ee

棱（edge）

在一个图形中，两个面相交的地方。

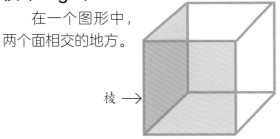

棱 →

参阅：面（face），交集（intersection）

集合中的元素（element of a set）

集合中的对象之一。

蓝色三角形是上述图形集合中的一个元素。

参阅：集合（set）

椭圆（ellipse）

一种弯曲的形状，看起来像一个拉长的圆。

美式橄榄球是椭圆形的。

参阅：曲线（curve）

放大（enlarge）

把东西扩大。

我们可以用复印机、网格或投影仪等设备把图像变大。放大是一种常见的变换方式。

投影仪

狗的照片

放大的照片

投影仪利用光线放大照片。

参阅：缩小（reduce），比例绘图（scale drawing），转换（transformation）

a
b
c
d
e
f
g
h
i
j
k
l
m
n
o
p
q
r
s
t
u
v
w
x
y
z

相等的，等于（equal）

符号：=

1.数量相同的。

例：

这两包糖的重量相等。

2.价值相同。

1张5元纸币=5个1元硬币

3.用不同形式表达同一个东西的和。

$$1 + 8 = \qquad 3 + 6 =$$
$$10 - 1 = \qquad 2 + 7 =$$

这些结果是相等的，都等于9。

等号（equal sign）

表示"等于"或"相等"的符号名称。它是这样的：

$$=$$

天平（equaliser）

平衡杆上刻有数字，如果两边的数字相同，它就平衡了。

参阅：平衡（balance），相等（equality）

相等（equality）

有同样的值，用"="表示。

$$2 + 4 = 6$$

参阅：相等的，等于（equal），等式，方程（equation），不等式（inequality）

同样可能（equally likely）

参阅：可能性（probability）

等式，方程（equation）

两个量相等的表述。等式两边相等，中间用等号连接。

只有当x的值为3时，这个等式才成立：

$$x + 4 = 7$$

参阅：相等（equality），不等式（inequality），占位符（place holder），变量（variable）

等边的（equilateral）

有长度相等的边。

正多边形有相等大小的角和相等长度的边。

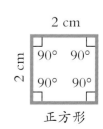

正六边形　　　　　　正方形

等边三角形（equilateral triangle）

有3条等边和3个等角的三角形。

任何等边三角形的角都是60°。

参阅：三角形（triangle）

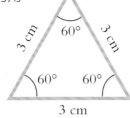

相当于（equivalent）

有同样的价值或数量。

一枚1元的硬币相当于两枚5角的硬币。

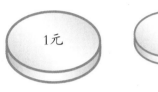

估算（estimate）

粗略的或近似的计算；没有被精确计算的数。计算小数的时候，通常需要估计答案。

19.8×3可以估算为20×3，所以，19.8×3≈60。

参阅：近似（approximation），计算（calculate），舍入（rounding）

欧元（Euro）

符号：€

欧洲许多国家使用的货币。1欧元等于100欧分。

求值（evaluate）

求出数值。

21×3的值是63。

均，平（even）

均衡的、相等的数量。

$$5=2.50+1+1.50$$

偶数（even number）

可以被2整除的整数。

所有偶数个位上的数字都是以下数字之一：

$$0, 2, 4, 6, 8$$

参阅：数字（digit），除法（division）

事件（event)

这是一个概率用词，是指因为做一个实验而引发的后果。

例：

这个实验是掷一个骰子，很多事件都是可能的：掷出3；掷出偶数；掷出奇数；等等。

复合事件（compound event）

一种涉及使用至少两个项目的事件，比如掷两个骰子。

相依事件（dependent event）

一个事件的结果影响另一个事件的结果。

例：

如果你起晚了，你就会错过公共汽车。

参阅：结果（outcome），可能性（probability）

精确（exact）

准确，精准，每一方面都正确，不是近似的。

参阅：近似（approximation）

交换（exchange）

给出某物并得到另一物作为回报。

1.我们去购物的时候，我们用钱交换物品。

2. 硬币和纸币可以兑换相同价值的不同硬币和纸币。

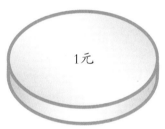

1元硬币可以兑换2个5角硬币。

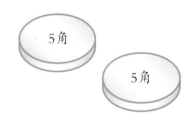

汇率（exchange rate）

不同国家之间货币价值的比较。

参阅：比较（comparison），
相当于（equivalent）

展开（expand）

全部写出来。

1. 展开4

2. 展开537

$$537=500+30+7$$

展开式（expanded notation）

一种书写数字或代数式的方式。

$$249=200+40+9$$

或

$$(2×100)+(4×10)+(9×1)$$

指数（exponent）

和另一个英文词 index 的意思一样。

参阅：指数（index），
次方（power of a number）

外部（exterior）

物体的表面。

例：

外部 内部

Ff

面（face）

在三维形状中，面是由边缘包围的表面的平坦部分。

1.立方体有6个面。

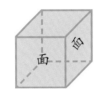

2.以三角形为底的锥体（四面体）有4个面。

3.以正方形为底的锥体有5个面。

参阅：立方体（cube），棱（edge），锥体（pyramid），四面体（tetrahedron），三维的（three-dimensional）

因数，约数（factor）

所有可以将另一个整数整除的整数。

$$6 \div 1 = 6 \quad 1$$
$$6 \div 2 = 3 \quad 2$$
$$6 \div 3 = 2 \quad 3$$
$$6 \div 6 = 1 \quad 6$$

因数

1、2、3和6都是6的因数。

5是质数，5只有1和5两个因数。

因数
$$5 \div 1 = 5$$
$$5 \div 5 = 1$$

公因数（common factor）

可以整除一个分数的分子和分母的数。它是用来化简分数的。

最大公因数（highest common factor）

能将分数中的分子和分母都整除的最大的整数。

例：$\frac{4}{8}$

4和8可以被2和4整除。所以2和4是公因数，最大公因数是4。

$$\frac{4}{8} \rightarrow \begin{array}{c} 4 \div 4 = 1 \\ 8 \div 4 = 2 \end{array} \rightarrow \frac{1}{2}$$

$\frac{4}{8}$的最简形式是$\frac{1}{2}$。

参阅：合数（composite number），因数树（factor tree），分数（fraction），质数（prime number），非负整数（whole number）

因数树（factor tree）

一种可以找出一个给定的数的所有能整除它的质数的图表。

参阅：质因数（prime factor）

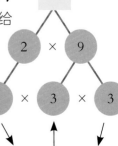

18的质因数

华氏度（Fahrenheit）

符号：℉

水在32华氏度结冰,212华氏度沸腾的温度标准。

把华氏度转换为摄氏度，要减去32，再除以1.8。

错误算式（false sentence）

不正确的算式。

对于算式3+？=10，如果用不是7的任何数代替"？"，这个算式就是错误算式。如果用7代替"？"，这个算式就是正确算式。

参阅：算式（number sentence），正确算式（true sentence）

最远的（farthest）

英文也写作furthest。

最远的距离。

例：

跳远比赛记录表

名字	距离
鲍 尔	3.50 m
凯 特	3.89 m
麦 克	3.47 m

凯特跳得最远。

数，物体（figure)

数、线、形状或立体图形的另一个名称。

1.三十六可以写成数36。

2.这个物体的一半被涂成了深粉色。

有限的（finite）

任何有边界的或可以计算的东西。

1.正方形内部的区域是有限的，因为它被边包围着。

2.一年中的月份的集合是有限的，因为月份是可以计数的。

参阅：
无限的（infinite），
周长（perimeter）

第一（first）

最开始的一个，在其他的之前。

从左边开始，第一个玩偶是最大的。

平的（flat）

1.只在一个平面里。

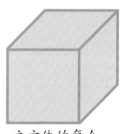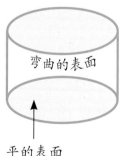

弯曲的表面

立方体的每个面都是平的。

平的表面

2.十进制方块中用的名称，代表一百。

参阅：十进制方块（base ten blocks），面（face），平面（plane），表面（surface）

翻转（flip）

翻过来。

参阅：反射
（reflection）

这张扑克牌被翻过来了。

流程图（flowchart）

一种用符号描述解决问题规则的方法。

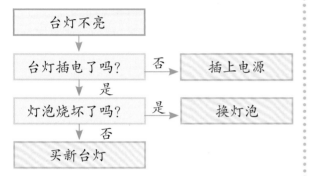

参阅：算法（algorithm）

英尺（foot）

英文复数：feet

符号：ft

英制长度度量单位。

1英尺 = 12 英寸

将英尺与公制单位进行比较：

1英尺 ≈ 30 厘米。

参阅：英制（imperial system），
公制（metric system）

公式（formula）

英文复数：formulae，formulas

用符号表示语
句的公式。

长方形的面积
（ A ）等于长（ l ）
乘宽（ w ）。

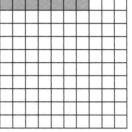

参阅：面积（area），方程式（equation）

分数（fraction）

整个数量或其中一部分。

例：

分数 $\frac{1}{6}$ 的意
思是6等份中的
1份。

这个比萨饼
少了 $\frac{1}{6}$ 。

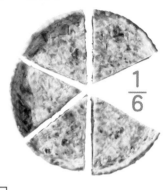

100个小块中有7
块被染色了。这个分
数是 $\frac{7}{100}$ 。

表示8的 $\frac{3}{4}$

$$\frac{6}{8} = \frac{3}{4}$$

最简分数（fraction in lowest term）

当最大公因数（能同时整除分子和分母
的最大整数）为1时，该分数是最简分数。

$\frac{4}{16}$ 化简为最简分数是 $\frac{1}{4}$ 。

简分数（simple fraction）

分子和分母都是整数的分数。在英文中
也被称为common fraction。

分子 ⟶ $\frac{4}{5}$ ⟵ 分母

参阅：十进制分数（decimal fraction），
因数，约数（factor），
假分数（improper fraction），
真分数（proper fraction）

a b c d e **f** g h i j k l m n o p q r s t u v w x y z

频率（frequency）

元素在数据集合中出现的次数。

例：

我们掷50次骰子，并记录每次掷出的点数。

点　数	出现次数	频　率
1	ⅢⅠ Ⅱ	7
2	ⅢⅠ ⅢⅠ Ⅱ	12
3	ⅢⅠ ⅠⅠⅠⅠ	9
4	ⅢⅠ ⅠⅠⅠ	8
5	ⅢⅠ Ⅰ	6
6	ⅢⅠ ⅠⅠⅠ	8

点数2出现的频率最高。
点数5出现的频率最低。

参阅：数据（data），频率分布（frequency distribution），计数（tally）

频率分布（frequency distribution）

显示某事件或数量出现频率的图形或表格。

例：

一个班级数学测验分数的频率分布表

得分范围	得分人数	频　率
20—29	Ⅰ	1
30—39	ⅢⅠ	5
40—49	ⅢⅠ ⅠⅠⅠⅠ	9
50—59	ⅢⅠ ⅠⅠⅠ	8
60—69	ⅢⅠ	5
70—79	ⅠⅠⅠ	3
80—89	Ⅰ	1
总　数		32

频率表（frequency table）

参阅：频率分布（frequency distribution）

正视图（front view）

从物体正前方看到的物体的示意图。

房子的正视图

参阅：俯视图（plan），侧视图（side view）

Gg

加仑（gallon）

英制容积单位。

1加仑≈4.5升

几何板
（geo-board）

用钉子钉成图案或
网格的木板，通常是正
方形或正三角形。你可
以在钉子上面缠绕皮筋
来制作各种形状。

参阅：正三角形（equilateral triangle），
格子（grid），模式（pattern）

几何学（geometry）

数学中研究立体、曲面、线、角和空
间的一个分支。

参阅：测量（measure），立体（solid），
空间（space），表面（surface）

几何条（geo-strips）

塑料、金属或硬纸板条，上面有等距的
孔，可以用来制作各种形状。

用几何条制作
的各种形状

古戈尔（googol）

一个非常大的数。它的数字1后面跟着
100个0。

1,000,000,000,000,
000,000,000,000…

有刻度的（graduated）

用尺寸标出。

例：

尺子上以厘米或英寸为刻度。

尺子

温度计

温度计是以温度为刻度的。

克（gram）

符号：g

公制质量单位。

1000g=1kg

这盒麦片的质量是250克。

参阅：质量（mass），
度量单位（unit of measurement）

图，图表（graph）

将多种事物的信息结合在一起的图画或图表。有不同类型的图表。

柱状图（bar graph）

用于显示信息的水平条或垂直条。带有竖条或柱形的条形图也被称为柱状图。

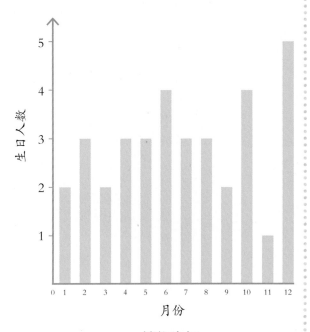

4c班同学的生日分布图

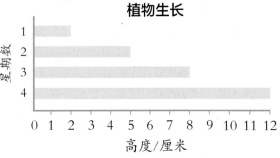

植物生长

饼图
（circle graph,
pie graph,
pie chart）

一个圆被分为几个扇形来表达信息。

乔恩一天的活动时间图

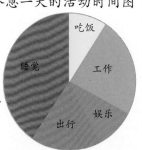

直方图（histogram）

列与列之间没有空格的柱状图。

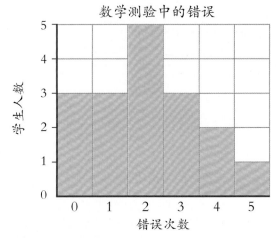

数学测验中的错误

折线图（line graph）

在这种图表中，你可以先画点，然后将它们连在一起来表达信息。

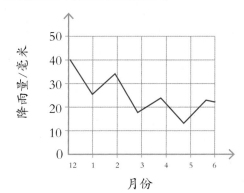

象形图（pictograph）

用图画来表示实物的图。象形图也被称为象形统计图。

7b班学生最喜爱的水果

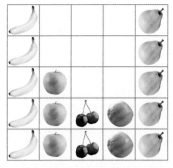

图例：
一个图案表示一个喜欢这种水果的人。

坐标纸（graph paper）

参阅：方格纸（square paper）

大于（greater than）

符号：>

多于，大于。

表达一组数字中哪个数字较大的表达式。

$$7 > 6$$
$$7 \ 大于 \ 6$$

参阅：不等式（inequality），
小于（less than）

网格（grid）

相交成直角的平行线的集合。网格经常出现在地图和图表上。

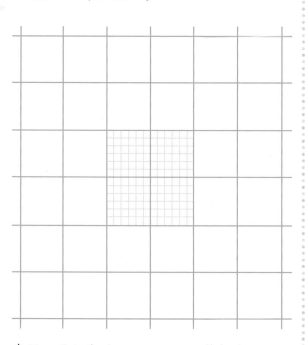

参阅：平行线（parallel lines），直角（right angle），方格纸（square paper）

罗（gross）

十二打（12×12）；144。

组（group）

1. 把事物组合成一组。在十进制中，事物被分为十个一组。

百位	十位	个位
2	4	3

243=2组100
4组10
3组1

2. 两个或更多的人或物。

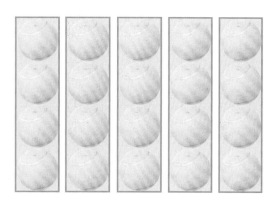

一组男孩

分组（grouping）

把事物分成几组，每组有相同的数量。这也叫除分。

每组4个球，20个球可以分成几组？

答案是5组，每组4个。

参阅：除法（division），集合（set）

Hh

一半（half）

英文复数：halves

两个等份中的一份。

例：

1. 圆的一半。
2. 24的一半是12。
$$\frac{1}{2} \times 24 = 12$$
3. 这个橙子被切成两半。

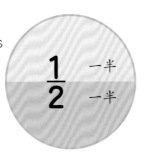

一半
一半

扠（handspan）

拇指指尖与伸出的手的小指之间的距离。

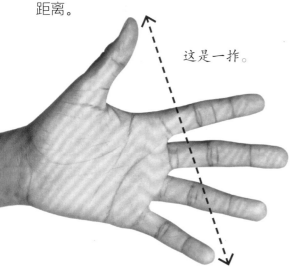

这是一扠。

扠被用来粗略地测量物体的长度、高度或宽度。

参阅：任意单位（arbitrary unit），估算（estimate）

一百（hecta，hecto）

hecta和hecto为英文前缀，表示100。

公顷（hectare）

符号：ha

公制面积单位。1公顷是一个边长为100米的正方形的面积。一个足球场的面积大约是0.5公顷。

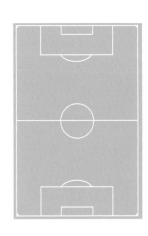

公两（hectogram）

公制质量单位，表示100克。

公石（hectolitre）

公制体积单位，表示100升。

粨（hectometre）

公制长度单位，百米的旧译，表示100米。

参阅：面积（area），度量单位（unit of measurement）

高（height）

符号：h

测量从上到下的垂直距离。

参阅：海拔（altitude），垂直（vertical）

半球（hemisphere）

球的一半。

地球分为南半球和北半球。

参阅：球体（sphere）

七边形（heptagon）

有7条边和7个角的二维图形，正七边形的所有边和所有角都相等；不规则七边形的边和角则不相等。

正七边形　　　　　不规则七边形

六边形（hexagon）

有6条边和6个角的二维图形。

正六边形　　　　　不规则六边形

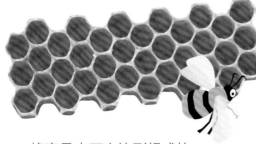

蜂窝是由正六边形组成的。

六角星形（hexagram）

由两个相交的正三角形构成的形状。

参阅：正（equilateral），相交（intersect）

六面体（hexahedron）

有6个面的二维图形。所有长方体都是六面体。

参阅：立方体（cube），长方体（cuboid）；多面体（polyhedron），棱柱（prism）

最大公约数（highest common factor，HCF）

参阅：约数（factor）

印度-阿拉伯数字（Hindu-Arabic numerals）

我们现在用的数字系统。所有数字的符号，除了零，可能早在公元前200年就由印度的印度教徒发明了。

印度数字

后来，阿拉伯人采用了这个系统，并且加上了零。

13世纪的阿拉伯数字

印度-阿拉伯数字

这个数字系统只有10个数字，零是作为一个占位符。15世纪印刷机发明后，这些数字（包括零）被标准化了。

参阅：占位符（place holder），位值（place value）

直方图（histogram）

参阅：图形（graph）

地平线（horizon）

陆地与天空在视野里的交汇线。

水平线（horizontal line）

与地平线平行的线。垂直线与水平线成直角。

参阅：底线，基线（base line），平行线（parallel lines），直角（right angle），垂直（vertical）

水平面（horizontal surface）

任何与地平线平行的面。

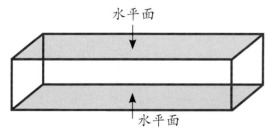

参阅：地平线（horizon），平行线（parallel lines），表面（surface）

小时（hour）

参阅：时间（time）

百（hundred）

$100=10 \times 10$

百分之一（hundredth）

$\frac{1}{100}=1 \div 100$

十万（hundred thousand）

$100,000=100 \times 1,000$

十万分之一（hundred thousandth）

$\frac{1}{100,000}=1 \div 100,000$

参阅：十进制的（decimal）

斜边（hypotenuse）

直角三角形中最长的边，也就是直角的对边。

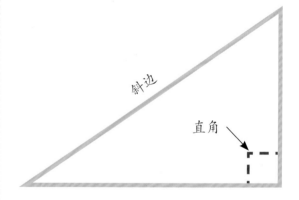

参阅：直角三角形（right-angled triangle）

Ii

二十面体（icosahedron）

一种有20个面的三维形状。一个正二十面体是由20个正三角形连接而成的。

参阅：多面体（polyhedron）

相同的（identical）

完全一样。

像，图像（image）

对物体的精确复制。

镜像

参阅：映射（mapping），镜像（mirror image），反射（reflection）

英制（imperial system）

在公制出现之前，在英国使用的度量单位。

参阅：公制（metric system）

假分数（improper fraction）

分子大于或等于分母的分数。

$$\frac{12}{10}$$ ← 分子
← 分母

英寸（inch）

符号：", in
英制长度单位。
12英寸=1 英尺

这是一英寸。

增加（increase）

用加或乘使之变大。

参阅：减少（decrease），级数（progression）

指数（index）

英文复数：indices
exponent也是指数的意思。它表示显示一个数要乘它自己多少次才能得到答案。

底数 ⟶ 10^6 ← 指数

可以写成1,000,000或
10×10 ×10×10×10×10。

读作10的6次方。

参阅：指数（exponent），数的幂（power of a number）

间接测量（indirect measuring）

也被称为杆影测量法。间接测量用于计算那些无法直接测量的高度。

例：

要测量一棵树的高度，用一根2米长的棍棒测量它的阴影。然后测量树的阴影。

$$\frac{\text{树的阴影的长}}{\text{棍棒的阴影的长}} \times \text{棍棒的高} = \text{树的高度}$$

$$\frac{3 \text{ m}}{1 \text{ m}} \times 2 \text{ m} = 6 \text{ m}（\text{树的高}）$$

参阅：比例（ratio）

不等式（inequality）

一个量小于或大于另一个量。在数学上，使用以下符号：

< 小于   ≠ 不等于

≤ 小于或等于

> 大于

≥ 大于或等于

$$3 + 5 > 7$$

这个不等式表示3加5大于7。

参阅：相等（equality），
等式（equation），大于（greater than），
小于（less than），不等于（not equal）

推断（infer）

根据观察或逻辑得出结论或猜想。

参阅：预测（prediction）

无限的（infinite）

没有尺寸或数量的限制，无限的、无穷无尽的。

无限（infinity）

符号：∞

无穷无尽。

输入（input）

把数据输入数码机；输入数据的行为。

参阅：数码机（number machine），
输出（output）

无意义的零（insignificant zero）

数字中不必要的零。

05.2 错   5.2 对

整数（integer）

包括正整数、负整数和零。

$$-5-4-3-2-1$$
负整数

$$+1+2+3+4+5$$
正整数

参阅：负数（negative number），
正数（positive number），
非负整数（whole number）

利息（interest）

银行给予的或收取的金额。

1.你在银行存了钱，所以银行付给你利息。

2.你从银行借了钱，所以银行收取利息。

利率（interest rate）

支付或给予多少利息。它通常是以储蓄或借贷金额的年百分比计算出来的。

奥利弗的银行账户里有100元。

这笔存款的年利率是5%。

到年底，奥利弗得到的利息是100元的5%，也就是5元。

参阅：每年的（annual），百分（percent），本金（principal）

内部（interior）

物体的里面。

外部　　　　内部

内角（interior angle）

图形内部的角。任意三角形的内角之和都是180°。

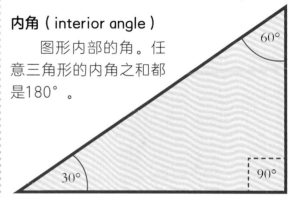

$$30°+60°+90°=180°$$

参阅：度（degree），外部（exterior）

相交（intersect）

相互交叉。

例：
这两条线在点A相交。

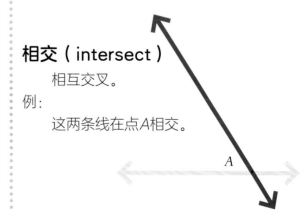

A

交点，交集（intersection）

1.两条线或多条线交会的地方，比如两条街道的交点。

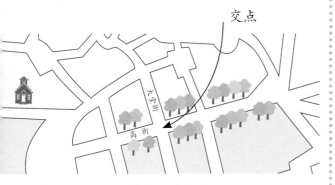

2.两个形状的重合部分。

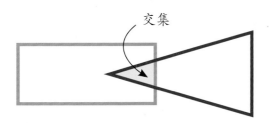

3.图中两个集合共有的元素集合。

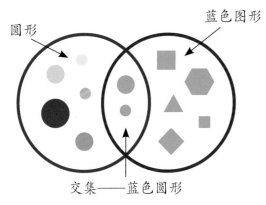

交集——蓝色圆形

参阅：坐标（coordinate），
原点（origin），区域（region），
集合（set），维恩图（Venn diagram）

间隔，区间（interval）

两个事件或地点之间的时间或距离。

例：

这两场电影间隔20分钟。

逆（inverse）

与某事物相反。

逆运算（inverse operation）

反转原始操作的操作。

加法的逆运算是减法：

$4+3=7$　　　$7-3=4$

乘法的逆运算是除法：

$6×3=18$　　$18÷3=6$

参阅：加法（addition），倒置（invert），
运算（operation）

倒置（invert）

颠倒位置、次序或关系。

例：

$\frac{1}{2}$倒置为$\frac{2}{1}$，即2。

$\frac{3}{4}$倒置为$\frac{4}{3}$，即$1\frac{1}{3}$。

无理数（irrational number）

也称为无限不循环小数，不能写作两整数之比。

例：

pi（π）

$π≈3.141592643\cdots$，但精确的值是无法写下来的。

参阅：圆周率（pi），比例（ratio），
有理数（rational number），
非负整数（whole number）

等腰三角形（isosceles triangle）

有两条边相等或两个角相等的三角形。

Jj Kk

焦耳（joule）

符号：J

　　能量或功的单位。它取代了旧单位卡路里。

参阅：卡路里（calorie），
千焦耳（kilojoule）

千（kilo）

　　英文词的前缀，表示一千。

千克（kilogram）

符号：kg

　　质量的基本单位。

　　1 kg = 1,000 g

土豆

这袋土豆的质量是12kg。

千焦（kilojoule）

符号：kJ

　　用于测量能量或功。

　　1千焦（kJ）=1,000焦耳（J）

这块蛋糕含有2,000 kJ热量。

千升（kilolitre）

符号：kL

　　计算液体的体积（容量）单位。

　　1千升 = 1,000升

例：

　　5个200升的油桶可以装1千升油。

千米（kilometre）

符号：km

　　距离单位。城镇之间的距离以千米计算。

　　1千米=1,000米

参阅：距离（distance），
克（gram），
质量（mass），
度量单位（unit of measurement）

风筝（kite）

　　一种有4条边的二维图形（四边形），其中两条短边长度相等，两条长边长度也相等。风筝有一条对称轴。

参阅：四边形（quadrilateral），对称（symmetry）

对称轴

节（knot）

符号：kn

　　海上和飞行中速度的度量单位，相当于以每小时一海里的速度飞行。

　　1海里=1,852千米

参阅：速度（speed）

a
b
c
d
e
f
g
h
i
j
k
l
m
n
o
p
q
r
s
t
u
v
w
x
y
z

LI

闰年（leap year）

闰年有366天，而不是365天。它每四年出现一次。在闰年，二月份有29天，而不是通常的28天。

一般可以通过看年份是否能被4整除来判断它是否是闰年。

$$1979 \div 4 = 494 \cdots\cdots 3$$

1979年不是闰年。

$$2020 \div 4 = 505$$

2020年是闰年。
只有能被400整除的百年，才是闰年。
这些是闰年：

1600, 2000, 2400

这些不是闰年：

1500, 1700, 1800

参阅：余数（remainder）

最小的，最少的（least）

一组物体或数值中最小的一个。

3.50元

5.20元

1.85元

玩具车的价格最便宜。

长度（length）

某物从一端到另一端有多长。
1.距离的度量。

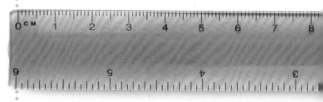

这把尺的长度是15厘米。
2.时间的间隔。

例：
休息时间的长度是20分钟。

参阅：距离（distance），间隔（interval）

小于（less than）

符号：<

没有那么多，小于。
表示一对数字中哪个数字更小的表达式。

$$5 < 7$$

5小于7。

参阅：大于（greater than），
不等式（inequality）

同类项（like terms）

相似，彼此相似。

同类项可以相加减，非同类项则不可以。

同类项

非同类项

参阅：非同类项（unlike terms），变量（variable）

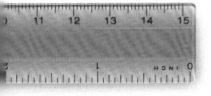

线（line）

只有一个维度的细标记。它可以是直的，也可以是弯的。线段是两点之间最短的距离。

线段（line segment）

直线的一部分。

直线

线段

端点

线性的（linear）

仅在一个维度上进行测量的。

参阅：曲线（curve），维（dimension），水平线（horizontal line），垂直（vertical）

折线图（line graph）

参阅：图形（graph）

对称轴（line of symmetry）

它是将某物分成两半的线，使其中一半是另一半的镜像。

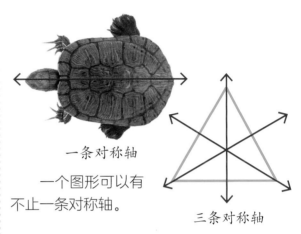

一条对称轴

三条对称轴

一个图形可以有不止一条对称轴。

参阅：不对称（asymmetry），轴（axis），对称（symmetry）

升（litre）

符号：L（l）

容量单位，用来测量液体的体积或容器的容积。

这个牛奶盒可以装一升牛奶。

参阅：
容量（capacity），
度量单位（unit of measurement），
体积（volume）

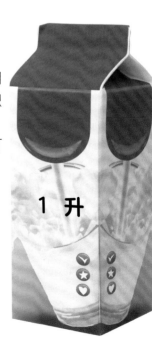

1 升

损失（loss）

如果卖出价低于成本价，卖方就会亏损。

汽车经销商买一辆车花费……10,000元
卖出这辆汽车的价钱………9,000元
因为卖出价低于成本价，汽车经销商损失了……………… 1,000元

参阅：成本价（cost price），利润（profit)，卖出价（selling price）

最小公分母（lowest common denominator, LCD）

能被两个或多个分数的分母整除的最小整数。

例：

找到下面两个分数的最小公分母：

$$\frac{1}{4} \text{ 和 } \frac{1}{10} \longleftarrow 分母$$

你必须找到能同时被分母(4和10)整除的最小整数。4和10能整除的最小整数是20。因此，最小公分母是20。

4的倍数　　　　10的倍数

4,8,12,　　　10, **20**，

16, **20**，　　30, **40**，

24, 28, 32,　50，…

36, **40**，…　　○ 表示4和10的公倍数

参阅：公分母（common denominator），分母（denominator），分数（fraction）

最小公倍数（lowest common multiple）

可以被两个或更多个整数整除的最小整数。

例：

2和3的最小公倍数是什么？

2的倍数　　　　3的倍数

2, 4, **6**，　　3, **6**，9,

8,10, **12**，　**12**, 15,

14,16, **18**…　**18**, 21…

○ 表示2和3的公倍数

2和3的公倍数有6，12，18，…，2和3的最小公倍数是6。

公倍数（common multiple）

可以被两个或更多个数整除的整数。

参阅：除法（division），乘法（multiplication）

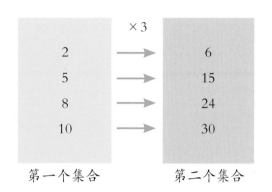

幻方（magic square）

一种谜题，其中的数字按正方形排列，使每一行、每一列和每一条对角线上的几个数的和都相等。

例：

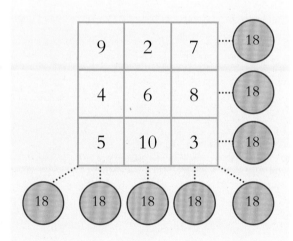

这个幻方的每行、每列和每个对角中的三个数字之和都等于18。

大小（magnitude）

某物的大小，或某物有多大。

多对一对应（many-to-one correspondence）

参阅：箭头图（arrow diagram）

映射（mapping）

两个集合之间的连接或匹配操作。第一个集合的每个元素分配给第二个集合中的唯一一个元素。

在上面的例子中，2映射到6，6被称为2的像。

参阅：箭头图（arrow diagram），一一对应（one-to-one correspondence），集合（set）

质量（mass）

一个物体含有的物质的量。质量的度量单位有克（g）、千克（kg）和吨（t）。

这个女孩的质量是28千克。

"重量"这个词通常被错误地用来代替质量。

参阅：

天平（beam balance），

度量单位（unit of measurement），

重量（weight）

匹配（matching）

参阅：箭头图（arrow diagram），一一对应（one-to-one correspondence）

数学简化表达
（mathematical shorthand）

数学不使用长句子，而是使用数字、符号、公式和图表。

例：

简写

$a^2+b^2=c^2$

意思是：直角三角形的斜边的平方等于两条直角边的平方和。

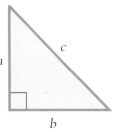

参阅：公式（formula）

最大值（maximum）

最大的或最多的值。

例：

这个月的最高温度是29 ℃。

参阅：最小值（minimum）

迷宫（maze）

由复杂的线或路径组成的谜题。

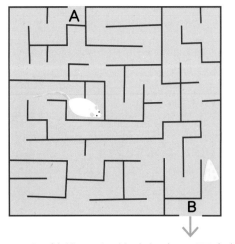

沿着从A到B的路径走,不要穿越任何墙壁。

平均数（mean）

一组数的平均数。计算如下：把所有数相加，然后除以数的个数。

参阅：平均数（average）

测量（measure）

找出某物的大小或数量。

例：

这本书长30 cm。

参阅：度量
单位（unit of measurement）

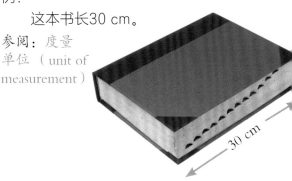

中位数（median）

在统计学中，当所有测量结果或得分按大小顺序排列后，中位数是它们的中间值。

得分：

2, 2, 4, 5, 6, 8, 10

中位数=5

如果没有中间得分，则取两个中间得分的平均值。

得分：

2, 3, 4, 8, 9, 10

中位数=(4+8)÷2=6

参阅：中位数（average），平均数（mean），众数（mode），得分（score）

兆（mega）

符号：M

前缀（加在另一个英语单词开头的单词），表示一百万。

兆升（megalitre）

符号：ML

容量单位。

1 兆升 = 1,000,000 升

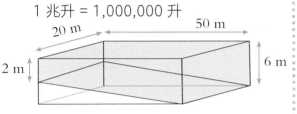

这个游泳池里有4兆升水。

米（metre）

符号：m

长度或距离的基本单位。

1 m=100 cm

1 m=1,000 mm

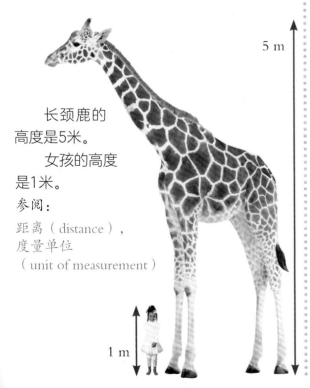

长颈鹿的高度是5米。

女孩的高度是1米。

参阅：

距离（distance），

度量单位

（unit of measurement）

公制（metric system）

十进制的度量系统。长度的基本度量单位是米，质量的基本度量单位是千克，时间的基本度量单位是秒。

参阅：英制（imperial system），标准单位（standard unit）

中点（midpoint）

一个区间的中间点。

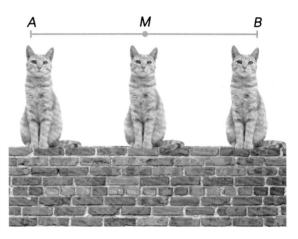

点M是区间（或距离）AB的中点。

参阅：对分（bisect），区间（interval）

英里（mile）

英制长度单位。

1 英里 ≈ 1.6千米

里程（mileage）

一辆汽车使用一定量汽油行驶的距离（以英里为单位）。里程是以每加仑汽油的英里数(mpg)。里程也被称为燃油经济性，可以用每100千米消耗的汽油升数来度量。

参阅：加仑（gallon），英里（mile）

毫（milli）

符号：m

英文词的前缀，表示千分之一。

$$\frac{1}{1,000}$$

毫克（milligram） 符号：mg

质量单位，等于千分之一克。

1毫克=$\frac{1}{1,000}$克	1毫克=0.001克

参阅：克（gram），质量（mass）

毫升（millilitre） 符号：mL

容积度量单位，表示千分之一升。

1,000毫升=1升

 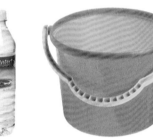

一茶匙能　这个瓶子能　这个桶能
装5毫升。　装1升。　　装9升。

注：1毫升水在4℃时的质量是1克。

参阅：升（litre），体积（volume）

毫米（millimetre） 符号：mm

一种长度单位，表示千分之一米。

0

10 mm

1,000毫米=1米

参阅：米（metre），长度（length）

百万（million）

一百个一万：

1,000,000

百万分之一（millionth） 一百万份中的一份。 $\frac{1}{1,000,000}$

最小值（minimum）

最小或最少的值。

例：

七月的最低温度是4℃。

参阅：*最大值（maximum）*

被减数（minuend）

被另一个数减去的那个数。

$$29 - 7 = 22$$

被减数　　减数　　差

在上面的例子中，29是被减数。

参阅：*差（difference），减法（subtraction）*

减去，负（minus）

符号：−

1.减去或拿走。

例：

8减2可以写为8−2，意思是把2从8里减掉。

8−2=6

2.标记负数的符号。

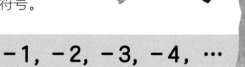

−1，−2，−3，−4，…

负1，负2，负3，负4……

参阅：*整数（integer），负数（negative number），减法（subtraction）*

分钟（minute）

参阅：*时间（time）*

镜像（mirror image）

反射，镜子里的像。

参阅：像（image），反射（reflection）

带分数（mixed number）

由一个整数和一个分数组成。

$$1\frac{1}{2} \quad 3\frac{5}{6}$$

这是另一种写假分数的方式。

$$\frac{3}{2} = 1\frac{1}{2} \quad \frac{35}{30} = 1\frac{5}{30} = 1\frac{1}{6}$$

参阅：分数（fraction），假分数（improper fraction），非负整数（whole number）

莫比乌斯带（möbius strip）

也可以写为 moebius。

一种只有一个表面的曲面，可以将一个纸带旋转180°再把两端粘上之后制作出来。如果你沿着纸带的中线画一条线，当你回到起点，你就在纸带的两边都画了。如果你沿着这条线剪，你会得到一条更大的莫比乌斯带。

众数（mode）

统计学中，在一个集合中出现次数最多的数。

在下面一组数中：

$$1, 1, 2, 4, 4, 6, 6, 6, 6, 7,$$
$$7, 7, 8, 10$$

6是众数。

参阅：平均数（average），平均数（mean），中值（median）

模型（model）

一个实际的或设计的物体的小的三维复制品。

这是一个飞机模型。

参阅：三维的（three-dimensional）

月（month）

一段时间。一个月有28天、29天、30天或31天。

更多（more）

在数量上更大。

例：4元比3元多。

最大，最多（most）

最大、最多的数量。

例：安娜有20元，本有35元，乔有5元。本的钱最多。

多底算术块（multibase arithmetic blocks，MAB)

参阅：十进制方块（base ten blocks）

多边的（multilateral）

有多条边。

乘法（multiplication）

乘，相乘。

符号：×

把许多相同的数字加起来（重复加法）或把相等的几组东西加在一起的快速算法。

符号"×"表示组或乘。

被乘数（multiplicand）

被乘的数。

一的乘法性质（multiplication property of one）

任何数乘一，还等于原来的数。

$$7 \times 1 = 7$$
$$1 \times 138 = 138$$

这个性质可以用来转换分数的形式。

$$\frac{2}{3} = \frac{?}{12}$$

和×1一样

$$\frac{2}{3} \times \frac{4}{4} = \frac{8}{12}$$

为了把 $\frac{2}{3}$ 转换为 $\frac{8}{12}$，$\frac{2}{3}$ 乘1或 $\frac{4}{4}$。我们用4，是因为 $3 \times 4 = 12$。

然后将分子相乘，得到答案。

这表示：

2组蛋，每组3个：$2 \times 3 = 6$

或，3乘2：$3 \times 2 = 6$

或，3的2倍=6

倍数（multiple）

一个整数可以被另一个整数整除，这个整数就是另一个整数的倍数。

2的倍数有：

2, 4, 6, 8, 10, 12, …

3的倍数有：

3, 6, 9, 12, 15, 18, …

乘数（multiplier）

乘另一个数的数。

$$8 \times 7 = 56$$

被乘数　乘数　　积

乘（multiply）

进行乘法或重复加法的过程。

$$5 \times 7 = 35$$

参阅：加法（addition），除法（division），分数（fraction），最小公倍数（lowest common multiple），运算（operation），积（product）

参阅：152页的乘法表

Nn

自然数（natural number）

计数数字之一。

$$1, 2, 3, 4, 5, 6, 7, 8, 9, \cdots$$

参阅：可数数（counting number），
正数（positive number）

海里（nautical mile）

飞机、小船和轮船使用的长度单位。一海里是基于地球赤道的周长而来的。1海里等于1852米或1.852千米。

参阅：节（knot）

负数（negative number）

小于零的数。负数的前面有一个负号（－）。

$$-1, -2, -3, -4, -5, \cdots$$
$$-0.1, -0.2, \cdots$$

数轴上的负数：

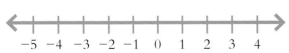

参阅：整数（integer），负（minus），数轴（number line），正数（positive number），零（zero）

展开图（net）

一个平面图案，可以剪开、折叠，并黏合在一起，形成一个三维立体模型。

立方体展开图：

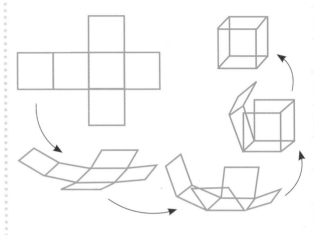

四棱锥展开图：

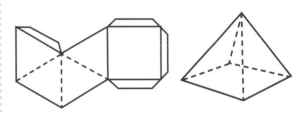

九边形（nonagon）

有9条边和9个角的二维图形（多边形）。

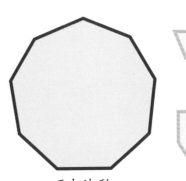

正九边形

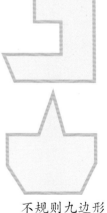

不规则九边形

参阅：多边形（polygon）

没有（none）

一点也没有，无。

我有2个苹果。   我没有苹果。

参阅：零（zero）

不等于（not equal）

符号：≠

4 ≠ 5

4不等于5。

参阅：不等式（inequality）

没有（nothing）

符号：0

一点也没有，无。

*参阅：没有（none），
零（zero）*

数字扩展条（number expander）

用来学习位值的折叠纸。

数轴（number line）

一条线，上面有等距离的、用刻线和数字标示的点，表示数的位置。数的运算可以在数轴上显示。

3加4：

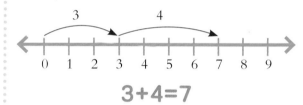

3+4=7

9减5：

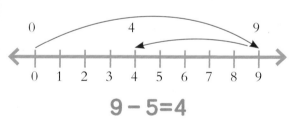

9 − 5=4

参阅：运算（operation）

数（number）

有多少东西；测量得到的量。数被分为许多不同的集合：

1.自然数（可数数）：

1, 2, 3, 4, 5, 6, …

2.非负整数：

0, 1, 2, 3, 4, 5, …

3.整数：

…, −4, −3, −2, −1, 0, +1, +2, +3, …

数码机（number machine）

数码机可以做加法、减法、乘法和除法运算。计算器和电脑都可以看作是一种数码机。

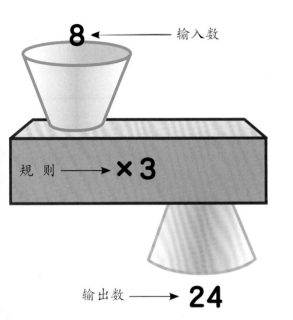

输入数

规则 ⟶ ×3

输出数 ⟶ **24**

1. 8被输入数码机，是输入数。
2. 这个数乘3，这是规则。
3. 从数码机里出来的就是答案。

参阅：规则（rule）

数字模式（number pattern）

参阅：模式（pattern）

算式（number sentence）

关于数的表达式，通常用符号表达，而不是用文字。算式可以是对的、错的、未完成的或完成的。

$$6+7=13 \quad （对）$$

$$4 \neq 9 \quad （对）$$

$$5+?=9 \quad （未完成）$$

$$7+9=10 \quad （错）$$

$$3+1 < 3 \times 1 \quad （错）$$

$$7-?=0 \quad （未完成）$$

参阅：不等式（inequality），
未完成算式（open number sentence）

---

4. 有理数（包括整数和分数）：

$$\frac{25}{100} \quad 1:4$$

5. 其他类型的数，包括复数、合数、质数、奇数、偶数、平方数、三角数、矩形数等。

参阅：合数（composite number），
偶数（even number），
无理数（irrational number），
奇数（odd number），质数（prime number）

数字轨道（number track）

棋盘游戏中使用的轨道，其中各部分都被编了号。

分子（numerator）

分数中最上面的数。它表示占整体中多少个部分。

$$\frac{3}{4}$$ ← 分子 ← 分母

$\frac{3}{4}$ 表示4份中的3份。

参阅：分母（denominator），
分数（fraction）

数字表达式
（numeric expression）

是由数字和运算符号组成的式子，可以简单清晰地记录计算过程。

$$4+6$$

数字（numeral）

用来表示数的符号。

5 是数字，表示五这个数。

5个苹果

记数系统（numeration）

表示数的符号系统。我们的系统使用以下符号：

V 五对应的罗马数字是V。

参阅：
印度-阿拉伯数字（Hindu-Arabic numerals），
罗马数字（Roman numerals）

$$0, 1, 2, 3, 4, 5, 6, 7, 8, 9$$

Oo

斜的（oblique）

例如：一条斜线。

参阅：斜的（askew）

长方形（oblong）

矩形的另一种说法。

长方形

参阅：长方形（rectangle）

钝角（obtuse angle）

大于90°但小于180°的角。

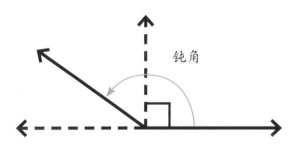

钝角

钝角三角形（obtuse triangle）

有一个钝角的三角形。

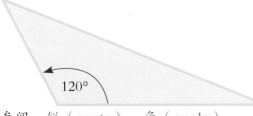

120°

参阅：锐（acute），角（angle），三角形（triangle）

点钟（o'clock）

在告诉确切的时间时，说几点钟的一种方式。

八边形（octagon）

有8条边和8个角的二维图形（多边形）。

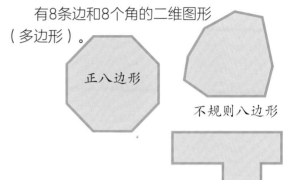

正八边形

不规则八边形

八面体（octahedron）

有8个面的三维图形（多面体）。正八面体由8个等边三角形构成。

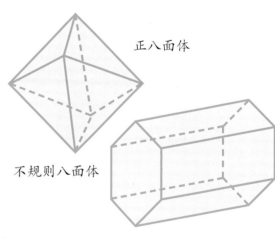

正八面体

不规则八面体

参阅：多面体（polyhedron）

奇数（odd number）

不能被2整除的数。奇数的个位数是1、3、5、7或9。

参阅：偶数（even number）

一维的（one-dimensional）

只有长度的图形。

一维形状

线是一维的。

参阅：维（dimension），平面（plane）

——对应
（one-to-one correspondence）

把两个集合中的元素配对，一个集合的每一个元素都与另一个集合中的一个元素配对。

杯和茶碟

集合A=爷爷　贾米尔　爸爸

集合B=夹子　盘子　热狗

参阅：箭头图（arrow diagram），映射（mapping），集合（set）

开放曲线（open curve）

参阅：曲线（curve）

未完成算式
（open number sentence）

含有数和变量（未知数）的算式。可以是等式（两边相等）或不等式（两边不相等）。

等式	$6+\Delta=10$

不等式	$7+a>5$

参阅：等式（equation），不等式（inequality），算式（number sentence），占位符（place holder），变量（variable）

运算（operation）

有四种算术运算：加法、减法、乘法和除法。

参阅：加法（addition），算术（arithmetic），基本事实（basic fact），除法（division），乘法（multiplication），减法（subtraction）

运算符号（operator）

运算中用的符号。

包括：

$$+ \quad - \quad \times \quad \div$$

相反数（opposite numbers）

相加等于零的两个数。

$$-5+5=0$$

-5的相反数是5。

顺序（order）

根据大小、价值等按照模式或顺序排列。

兔子按从小到大排列。

参阅：升序（ascending order），
降序（descending order），
模式（pattern），序列（sequence)

有序数对（ordered pair）

一个 x 轴坐标和一个 y 轴坐标写成一对,先写 x 轴坐标。

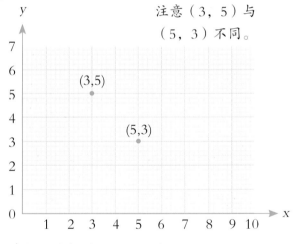

注意（3，5）与
（5，3）不同。

参阅：坐标（coordinate）

运算顺序（order of operations）

用于给复杂算式中的运算排序。

1.带分组符号的算式。计算是从括号内到括号外进行的。

例：

$$5+\{10-(4\times 2)\}$$
$$=5+\{10-(8)\}$$
$$=5+\{2\}$$
$$=7$$

2.当没有分组符号时，从左边开始，在乘法和除法左右加括号，然后计算。再从左边开始，先做加法，再做减法。

例：

$$48\div 3+2-4\times 3$$
$$=(48\div 3)+2-(4\times 3)$$
$$=16+2-12$$
$$=18-12$$
$$=6$$

注：记住下面的运算顺序——先括号，然后乘除，最后加减。

参阅：括号（brackets），运算（operation）

序数（ordinal number）

标明位置的数。

| 第一 | 第二 | 第三 | 第四 | 第五 |

参阅：基数（cardinal number）

纵坐标（ordinate）

参阅：坐标（coordinate）

原点（origin）

开始的点。

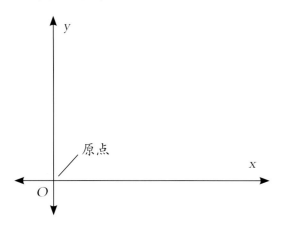

x轴和y轴的交点被称为原点，用O表示。原点的坐标是（0，0）。

参阅：轴（axis），坐标（coordinate），交点（intersection）

盎司（ounce）

符号：oz

英制重量或质量单位。

16 盎司（oz）=1磅（lb）

结果（outcome）

事先不知道最终结果的实验结果。

例：

掷硬币有两个可能的结果：正面或反面。

参阅：事件（event），可能性（probability）

输出（output）

把数输入数码机，并应用一个规则，从数码机输出的数字（答案）。

例：

5 是输入的数。

规则是乘3。

输出的数是15。

参阅：输入（input），数码机（number machine）

椭圆（oval）

1.沿一条轴对称的蛋形图形，一端比另一端更尖。

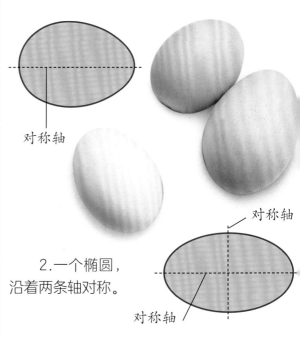

对称轴

2.一个椭圆，沿着两条轴对称。

对称轴

对称轴

参阅：轴（axis），椭圆（ellipse），对称（symmetry）

透支（overdraft）

从银行账户提取比你拥有的更多的钱的结果。

参阅：贷记（credit），借记（debit）

Pp

步长（pace）

当你迈出一步时，从一个脚后跟到另一个脚后跟之间的距离就是步长。步长是一种测量距离的任意单位。

例：

杰克的步长是55厘米。

一步长

参阅：任意单位（arbitrary unit），距离（distance），测量（measure）

双（pair）

两个属于一起的东西。

一双袜子

回文（palindrome）

从前往后读和从后往前读一样的数、单词或句子。

1991   19.9.1991   madam

平行线
（parallel lines）

符号：

两条或两条以上方向完全相同的线。平行线之间总是保持相同的距离；它们从不相交。

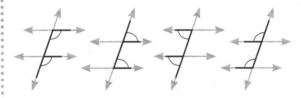

火车轨道是平行的。

如果一条直线穿过平行线，会形成下面这几对角：

1.同位角（它们形成F形）大小相等。

2.内错角（它们形成Z形）大小相等。

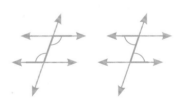

3.同旁内角（它们形成U形）加起来是180°。

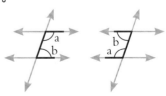

参阅：对顶角（vertically opposite angles）

平行四边形（parallelogram）

一种四边形，两组对边平行且相等，对角也相等。

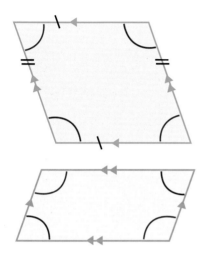

箭头标记 ⤢⤢ ⤢⤢ 标出哪对线是平行的。

标记 \ \\ 表示哪些线段长度相同。

直角平行四边形是长方形。

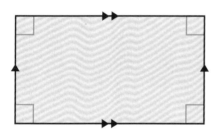

参阅：平行线（parallel lines），
四边形（quadrilateral），长方形（rectangle）

括号（parentheses）

一般是指表示文章中的注释部分使用的符号。

（ ）

划分（partition）

英文也叫 sharing。

参阅：除法（division）

帕斯卡三角形（Pascal triangle）

概率论中使用的一组数字。在第二行之后，三角形中的每个数字都是由它正上方的两个数相加而成。

模式（pattern）

使用形状、颜色、数字等的重复设计或排列。

1. 形状模式

2.数字模式是按照某个规则排列的数字序列。

$$1, 4, 7, 10, \cdots \text{（规则：+3）}$$

参阅：规则（rule），序列（sequence）

便士（penny）

一种英国硬币，等于一英磅的百分之一。它的复数形式是pennies，但是当指一笔钱的时候，你要说pence。

五边形（pentagon）

有5个直边和5个角的二维形状（多边形）。

不规则五边形

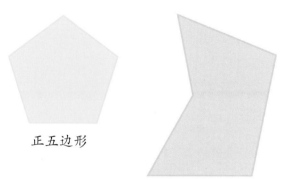

正五边形

参阅：多边形（polygon）

百分之（percent），
百分比（percentage）

符号：%

表示一个数是另一个数的百分之几，叫作百分比。

40%的保龄球被撞倒了。

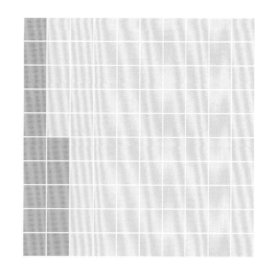

这100个小方块中，有15个被染成深橘色。

它们表示：

$$\frac{15}{100} = 0.15 = 15\%$$

↑ 分数　↑ 小数　↑ 百分比

参阅：小数（decimal fraction），
分数（fraction）

周长（perimeter）

封闭图形周围的距离或其边界的长度。

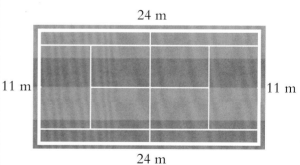

24 m

11 m　　　　　　　　　11 m

24 m

网球场的周长是：
24 m+11 m+24 m+11m=70 m

参阅：边界（boundary）

a
b
c
d
e
f
g
h
i
j
k
l
m
n
o
p
q
r
s
t
u
v
w
x
y
z

排列（permutation）

一组物体的有序排列或顺序。

例：

三个形状可以以6种不同的方式排列，所以它们有6种排列。

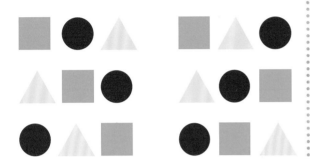

在排列中，形状排列的顺序很重要。如果顺序不重要，这种排列就被称为组合。

参阅：组合（combination）

垂直的（perpendicular）

形成直角的。

垂直高度（perpendicular height）

从一个图形的顶部（顶点）到相对的底部并与其成90°角的线。

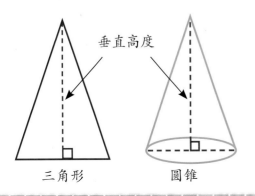

三角形　　　　圆锥

垂线（perpendicular line）

相交成直角的直线。

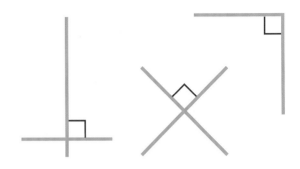

参阅：顶点（apex），圆锥（cone），线（line），三角形（triangle），顶点（vertex）

透视（perspective）

我们画图时，可以将平行线与地平线上的一个或几个点相连，以显示深度。这样的点称为消失点。这使得一个二维的图画看起来是三维的，我们说它有透视。

消失点

参阅：汇聚线（converging lines），地平线（horizon），三维的（three-dimensional），二维的（two-dimensional）

圆周率（pi）

符号： π

是圆的周长除以直径得到的数字。

$$\pi = \frac{周长}{直径}$$

π 的近似值是3.14。它是一个无限小数。精确值无法计算出来。

参阅：圆（circle），直径（diameter），无限的（infinite），半径（radius），比例（ratio）

象形图（pictograph）

英文同义词: pictogram, picture graph

参阅：图形（graph）

饼图（pie graph）

参阅：图形（graph）

品脱（pint）

符号：pt

英制单位，用来测量液体容量。

8 品脱（pt）=1 加仑

1品脱（pt）≈0.5升（L）

占位符（place holder）

1.占着位置代表未知数的符号。

在 w+3 =7 中，w是占位符。

在*−6=10中，*是占位符。

2.0和其他数字一起用时，被用作占位符。在美国，它被称为加法中的单位元（identity element）。

6800

0告诉我们，6表示6个千，8表示8个百，没有十和一。

参阅：数字（digit），方程式（equation），变量（variable）

位值（place value）

一个数的每一部分的值取决于它在这个数中的位置。

百 位	十 位	个 位
4	8	6

在486这个数中，6表示六个一，8表示八个十，4表示四个百。

参阅：十进制系统（decimal place-value system），数字（digit），值（value）

计划，俯视图（plan）

1.提前准备。

例：为假期做计划。

2.从上面看物体的图像。

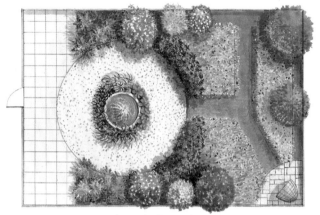

花园的俯视图

参阅：立体的横截面（cross-section of a solid），图（diagram），

正视图（front view），侧视图（side view）

平面（plane）

平坦的表面，比如房子的地板或墙壁。平面向每个方向无限延伸。

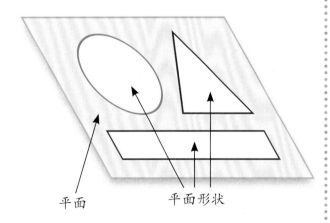

平面　　　　　平面形状

平面图形（plane shape）

一个封闭的图形，可以被绘制在平坦的面上。所有的二维图形都是平面图形，因为它们都可以在一个平面上绘制。

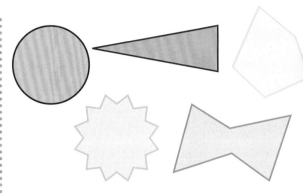

参阅：维（dimension），无限的（infinite），

多边形（polygon），

二维的（two-dimensional）

加号（plus）

符号：+

表示加法的符号名称。

$$4+6=10$$

参阅：加法（addition）

午后（p.m.，post meridiem）

参阅：时间（time）

点（point）

1.表面上的一个小点，没有维度。

.P

这个点表示点P的位置。

2.在货币中，用小数点划分货币的整数部分和小数部分。

¥4.50

根据这个点，4表示4元，50表示50分。

参阅：小数点（decimal point）

多边形（polygon）

有3条或更多直边的二维（平面）图形。

正多边形（regular polygon）

有相等的边和相等的角的多边形。

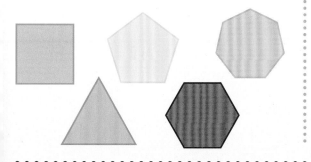

不规则多边形（irregular polygon）

边和角并不是都相等的多边形。

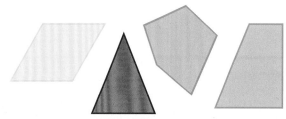

参阅：角（angle），封闭形状（closed shape）
六边形（hexagon），五边形（pentagon），
平面图形（plane shape），
四边形（quadrilateral），
边（side），三角形（triangle），
二维的（two-dimensional）

多面体（polyhedron）

英文复数：polyhedrons，polyhedra
各个面为平面的三维形状。

正多面体（regular polyhedron）

所有的面都是正多边形，并且都是相同
的大小。

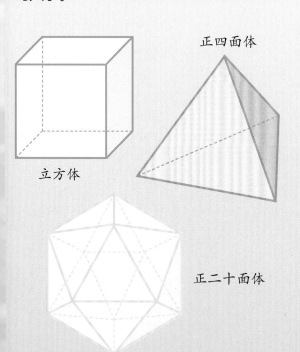

立方体

正四面体

正二十面体

不规则多面体（irregular polyhedron）

面和角不是都相等的多面体。

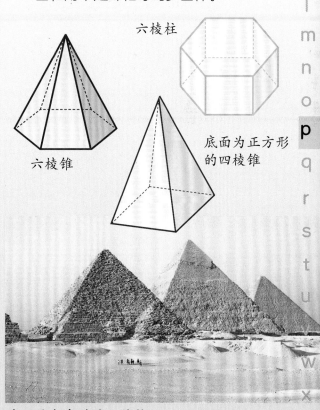

六棱柱

六棱锥

底面为正方形
的四棱锥

埃及的金字塔是四棱锥。

参阅：立方体（cube），正二十面体
（icosahedron），棱柱（prism），
锥体（pyramid），正四面体（tetrahedron）

多联骨牌（polyomino）

用相同大小的正方形构成的平面形状，每个正方形都至少与一个其他正方形有一个公共边。

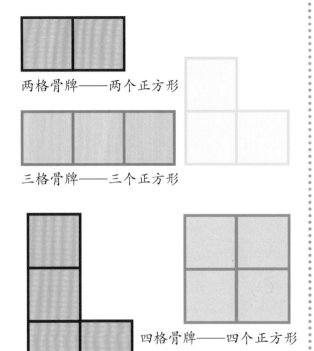

两格骨牌——两个正方形

三格骨牌——三个正方形

四格骨牌——四个正方形

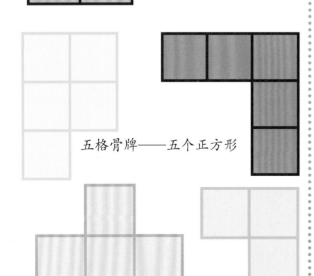

五格骨牌——五个正方形

参阅：平面（plane），
二维的（two-dimensional）

位置（position）

物体所在的地方。

上面、下面、后面、前面、中间、旁边、外面都描述物体的位置。

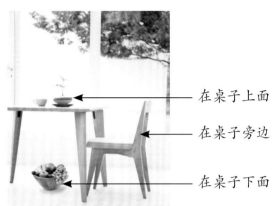

在桌子上面

在桌子旁边

在桌子下面

参阅：坐标（coordinate）

正数（positive number）

大于零的数。

我们有时在它们前面写一个加号（＋）。

-4 -3 -2 -1   0 +1 +2 +3 +4

参阅：整数（integer），负数（negative number），加号（plus），零（zero）

英镑，磅（pound）

1. 符号：£

英国使用的货币单位，1英镑等于100便士。

2. 符号：lb

英制质量单位，1磅等于16盎司。14磅等于1英石。

参阅：盎司（ounce），英石（stone）

次方（power of a number）

一个数的次方（也被称为指数）表示一个数与它自身相乘的次数。

2^4的次方是4，意思是4个2相乘。$2\times2\times2\times2=16$。

读作"2的4次方"。

当次方是零时，值是1。

$10^0=1$ $1,000^0=1$

参阅：立方数（cubed number），
指数（index），
数的平方（square of a number）

预测（prediction）

估计。在数学中，我们可以估计可能的答案。

前缀（prefix）

加在单位开头的一个单词，表示单位的多少。

gram是克，kilo是一个前缀，表示千。kilogram就是1千克。

质因数，素因数（prime factor）

可以整除一个给定的整数的质数。

2、3和5是30的质因数（10也是30的因数，但不是质因数）。

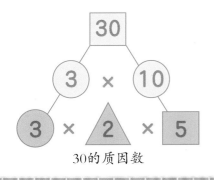

30的质因数

质因数的乘积

找到一个数的所有质因数，这些质因数相乘可以得到整数。

1.12可以被2、3、4和6整除。

2.只有2和3是质数。

3.把12写成质因数的乘积：

$$2\times2\times3=12$$

参阅：除法（division），
因数（factor），
因数树（factor tree），
逆（inverse），
乘法（multiplication），
质数（prime number），
积（product）

质数，素数（prime number）

只能被1和自身整除的自然数。

2, 3, 5, 7, 11, 13, 17, …

2的因数（除另一个数而没有余数的数）是2和1。5的因数是5和1。

注意1不是质数。

至今为止，发现的最大质数是一个有12,978,189位的数（2019年1月更新：最大质数有24,862,048位）。

参阅：合数（composite number），
可数数（counting number），
因数（factor）

本金（principal）

借款或投资的金额称为本金。

例：

乔从银行借了100万元。借贷的本金是100万元。

棱柱（prism）

三维多面体，有两个相同形状和大小的平行面。

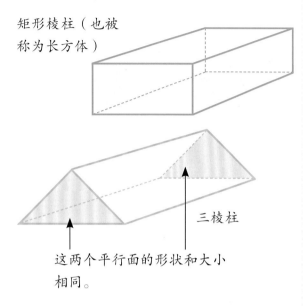

矩形棱柱（也被称为长方体）

三棱柱

这两个平行面的形状和大小相同。

所有的长方体都是棱柱。

参阅：长方体（cuboid），面（face），平行线（parallel lines），多边形（polygon），多面体（polyhedron），三维的（three-dimensional）

可能性，概率（probability）

一个事件发生的可能性或机会。有不同类型的可能性：可能、不太可能、概率相等、不可能。

掷骰子时，掷出1、2、3、4、5、6的概率相等。

参阅：确定（certain），机会（chance），事件（event）

解决问题（problem solving）

用数学思维在新情况下寻找解决方案。

试错法（trial and error）

为一个问题选择一种可能的答案，然后尝试着看它是否有效。如果无效，必须尝试另一种方法。

反向求解 （work backwards）

从最终结果开始，每一步都执行相反的运算。

参阅：运算（operation）

积（product）

乘法的结果。

$$3 \times 2 = 6$$

被乘数　乘数　积

参阅：乘法（multiplication）

利润（profit）

当卖出价高于买入价时，差价就是利润。

> 汽车经销商买一辆汽车花了10,000元。他把这辆汽车卖了12,000元。卖出价比买入价多2,000元，所以汽车经销商所得的利润是2,000元。

参阅：成本价（cost price），损失（loss），卖出价（selling price）

数列（progression）

按给定规则排列的一串数字。这些数以一种恒定的方式增加或减少。

1.如果规则是"加一个数"或"减一个数"，这个序列被称为等差数列。

规则：+3

1,4,7, 10,13,16，…

2.如果规则是"乘一个数"或"除以一个数"，这个序列被称为等比数列。

规则：乘4

1,4,16,64，…

参阅：减少（decrease），增加（increase），模式（pattern），序列（sequence）

投影（projection）

一种形状或图像向另一种形状或图像的变换。

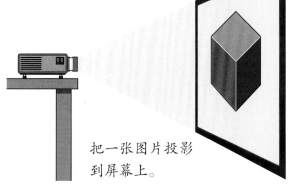

把一张图片投影到屏幕上。

参阅：转换（transformation）

未知数（pronumeral）

符号或变量的另一种说法。

参阅：变量（variable）

真分数（proper fraction）

分子比分母小的分数。

$\frac{4}{5}$和$\frac{36}{100}$是真分数。

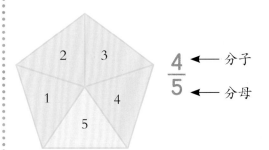

$$\frac{4}{5} \leftarrow 分子$$
$$\leftarrow 分母$$

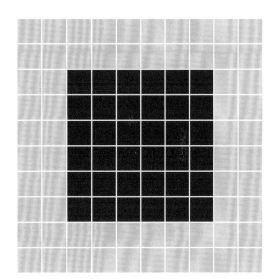

$\frac{36}{100}$是真分数。

参阅：分母（denominator），分数（fraction），假分数（improper fraction），分子（numerator）

性质（property）

物体的特性，比如长度或质量。

参阅：属性（attribute），分类（classification），比例（proportion）

比例（proportion）

整体的一部分，写成分数、百分比或小数。

例：这种饮料是 $\frac{1}{4}$（25%，0.25）的甜酒和 $\frac{3}{4}$（75%，0.75）水。

正比例（direct proportion）

如果两个量以同样的幅度或比例增加或减少，原来两个数的比值和变化后的两个数的比值相等。

3罐油漆够刷一面墙，所以刷2面墙需要6罐油漆。

反比例（inverse proportion）

当一个量变大时，另一个量以同样的比例变小，这两个量成反比例。

一个人修剪这块草坪需要4小时，那么意味着两个人就需要2小时，四个人需要1小时。

人 数	1	2	4	8	16
用时（小时）	4	2	1	$\frac{1}{2}$	$\frac{1}{4}$

比例尺（in proportion）

地图上图上距离与实际距离成比例，地图是按比例缩小的，数量被写成一个比例，比如1：50,000,这意味着地图上的1cm代表实际距离的50,000cm。

50,000 cm=500 m=0.5 km

参阅：逆（inverse），比例（ratio）

量角器（protractor）

用来测量和绘制角度的工具。

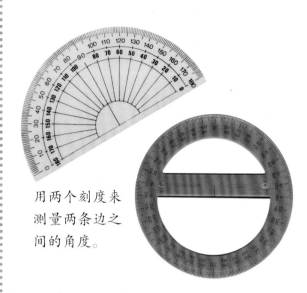

用两个刻度来测量两条边之间的角度。

证明（prove）

测试计算的正确性。

锥体（pyramid）

以任意多边形为底，侧面为三角形的三维图形。

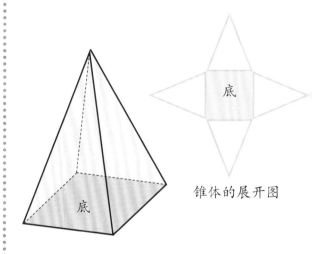

锥体的展开图

这个锥体的底是正方形。其他的面是全等三角形。

参阅：底（base），全等（congruent），面（face），展开图（net），多边形（polygon），多面体（polyhedron）

Qq

四分之一圆，象限（quadrant）

1.一个圆的四分之一。

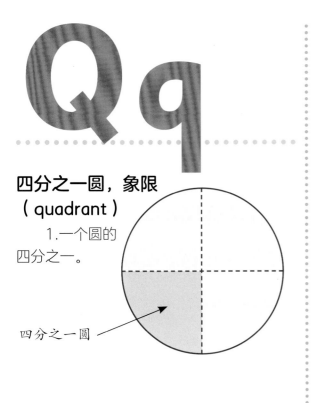

四分之一圆

2.在坐标系中，x轴和y轴之间的空间被称为象限。如果我们扩展x轴和y轴，我们可以看到数字平面的所有四个象限。象限沿着逆时针方向编号。

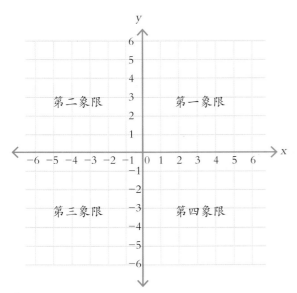

参阅：圆（circle），坐标（coordinate），几何学（geometry），有序数对（ordered pair）

四边形（quadrilateral）

有4条边和4个角的二维形状（多边形）。

以下是一些四边形：

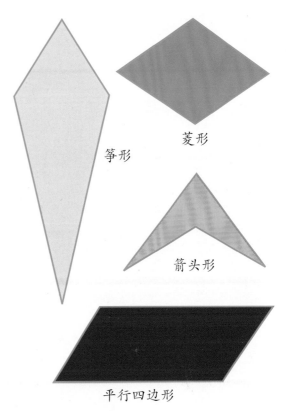

筝形

菱形

箭头形

平行四边形

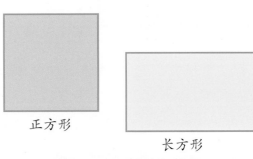

正方形

长方形

梯形

参阅：筝形（kite），平行四边形（parallelogram），长方形（rectangle），菱形（rhombus），正方形（square），梯形（trapezium，trapezoid）

a b c d e f g h i j k l m n o p q r s t u v w x y z

四倍（quadruple）

使数量扩大到四倍。

20 的四倍是：

$$4 × 20 = 80$$

参阅：两倍（double），三倍（treble）

数量

（quantity）

某物的数或量。

这些瓶子里的油的总量是3升。

商（quotient）

除法问题的答案。

$$10 ÷ 2 = 5$$

被除数　除数　商

5是商。

参阅：被除数（dividend），除法（division）

除分（quotition）

英文同义词：grouping

参阅：除法（division），

分组（grouping）

四分之一

（quarter）

四个相等部分中的一份。

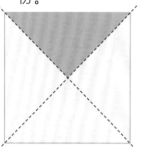

深橙色部分是正方形的四分之一。

每四分之一的比萨都有不同的配料。

四分之一可以写成不同的形式：

0.25 小数

$\frac{1}{4}$ 分数

25% 百分比

橙子被切成四等份。

Rr

半径（radius）

英文复数：radii

从圆心或球心到圆上或球表面的距离的线段。

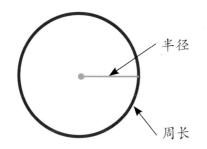

参阅：圆心（centre），圆（circle），直径（diameter），线（line），球体（sphere）

随机抽样（random sample）

统计学术语。偶然选择的代表整体的部分。

极差（range）

一个集合中最大的数和最小的数之间的差。

最小的数是2。最大的数是8。
8-2=6
极差是6。

比率（rate）

一个量（数量）与另一个量（数量）的比较。

例："每小时60千米"指把千米和对应的时间做比较，表示行进的速度。

参阅：比较（comparison）

比例（ratio）

符号：：

比较数量的一种方式。一个数量用另一个数量的一部分来表示。

例：

制作一瓶橙汁饮料，将1份浓缩橙汁和3份水混合。其比例是1：3（1代表浓缩橙汁，3代表水）。

3份水

1份浓缩橙汁

数字的顺序很重要。在上面的例子中，浓缩橙汁和水的比例是1：3，而不是3：1。

参阅：比较（comparison）

有理数（rational number）

可以写成分数的数，并且这个分数的分子和分母都是整数。

$$0.5=\frac{1}{2}$$

$$8=\frac{8}{1}$$

1.它可以用有限小数表示。

$$\frac{3}{4}=0.75$$

2.它也可以用重复的数表示。

$$\frac{2}{3}=0.6666\cdots\text{或}0.\dot{6}$$

参阅：小数（decimal），分数（fraction），循环小数（recurring decimal）

射线（ray）

有起点但没有终点的直线。它只向一个方向延伸。

太阳

太阳光射线

参阅：线（line）

实数（real number）

实数集由所有有理数和无理数组成。所有实数都可以在数轴上找到。

参阅：无理数（irrational number），数轴（number line），有理数（rational number）

倒数（reciprocal）

通过交换分子和分母得到的分数。

例：

1.因为4可以写成$\frac{4}{1}$，所以4的倒数是$\frac{1}{4}$。

2.$\frac{2}{3}$的倒数是$\frac{3}{2}$或$1\frac{1}{2}$。

矩形（rectangle）

有两对相等且平行的边和4个直角的二维四边形。

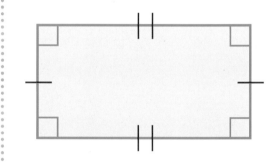

矩形也被称为长方形。

参阅：平行线（parallel lines），四边形（quadrilateral），直角（right angle）

矩形数（rectangular number）

可以用矩形排列的点来表示的数字。

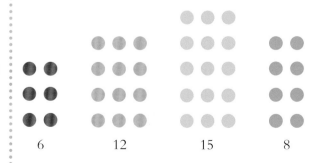

| 6 | 12 | 15 | 8 |

长方体（rectangular prism）

以长方形为底的三维形状（多面体）。很多盒子都是长方体。

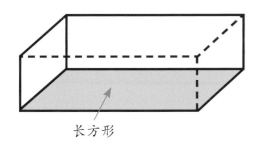

长方形

循环小数（recurring decimal）

有无限重复的数字或数字序列的小数。

$$0.6666\cdots \text{ 或 } 0.\dot{6}$$

这个点表示这个数字重复。

简化，缩小（reduce）

简化或缩小。用最简形式表示分数。

例：
$\frac{2}{12}$ 可以简化成 $\frac{1}{6}$ 。

参阅：约分（cancelling），分数（fraction）

反射（reflection）

一个物体的镜像。

镜子

参阅：翻转（flip），镜像（mirror image）

优角（reflex angle）

大于平角（180°）的角。

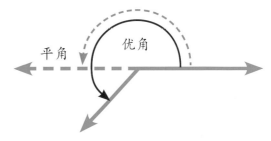

平角 优角

参阅：角（angle），圈（revolution），平角（straight angle）

区域（region）

平面区域（plane region）

一个封闭的平面形状内的所有点加上边界上的所有点构成的区域。

立体区域（solid region）

一个封闭的立体内的所有点加上表面上的所有点构成的区域。

例：

平面区域

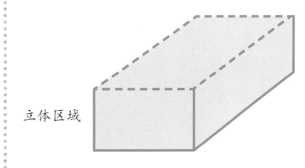

立体区域

参阅：边界（boundary），平面（plane），立体（solid），表面（surface）

重新组合（regroup）

交换。

例：

12个单元块可以重新组合成1个长条（一组10个单元块）和2个单元块。

参阅：十进制方块（base ten blocks），交换（exchange），组（group）

规则形状（regular shape）

参阅：多边形（polygon）

关系（relation）

与英文 relationship 同义。

一对物体、量度、数字等之间的联系。

 2是4的一半。

数对之间的关系可以用方程表示。下面表格内两行数的关系是 $y=x+5$。

x	1	2	3	4	5
y	6	7	8	9	10

余数（remainder）

当一个数不能被另一个数整除时，剩下的小于除数的数。

$7 \div 2 =$ 可以写成 $2 \overline{)7}$

2可以整除6，但不能整除7。所以我们在7的上面写3。

$2 \overline{)7}^{3}$

然后我们从7里减去6，得到余数。

$\frac{6}{1}$

余数可以用不同形式来表示。

1.问题：5个男孩平分128颗弹珠。每个男孩能得到几颗？答案：每个男孩能得到25颗，剩余3颗。

2.问题：5个女孩平分128元。每人能得到多少？答案：每个女孩能得到 $25\frac{3}{5}$ 元，也就是25元6角。

重复小数（repeating decimal）

参阅：循环小数（recurring decimal）

逆转，逆向（reverse）

反方向。

例：

逆向的 A B C 是 C B A。

逆运算（reverse operation）

相反的运算。

例：

加法是减法的逆运算。

参阅：逆（inverse）

圈（revolution）

一圈有360°，是4个直角之和。

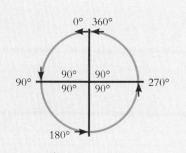

参阅：角（angle），直角（right angle）

菱形（rhombus）

有4条等边和两对等角的平行四边形。

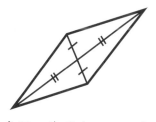

参阅：菱形（diamond），
平行四边形（parallelogram）

罗马数字（Roman numerals）

罗马数字系统，用字母表示数字。
I=1，V=5，X=10，L=50，C=100，
D=500，M=1000。

例：

2,000=MM

2,002=MMII

旋转（rotation）

英文的动词形式：rotate
围绕一个固定
点做旋转运动。

转四分之一圈
（90°旋转）

固定点

转半圈
（180°旋转）

转四分之三圈
（270°旋转）

直角（right angle）

符号：⌐

一个经精确测量为90°的角。

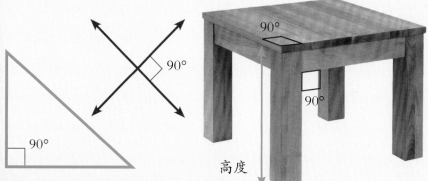

高度

直角三角形（right-angled triangle）

有一个直角的三角形。

三维立体图形（right 3-D shape）

底面与高成90°的立体图形，比如
直立圆锥体。

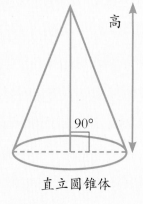

高

90°

直立圆锥体

参阅：角（angle），圆锥体（cone）

旋转对称
（rotational symmetry）

如果一个图形绕一个中心点旋转一圈，至少一次能与它的轮廓重合，那么这个形状就具有旋转对称性。

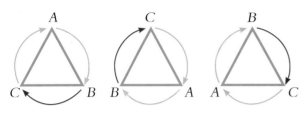

正三角形有旋转对称性。

舍入（rounding）

用最接近的有效数字（通常是能被10整除的数）来代替近似值，使其更容易处理。

例：

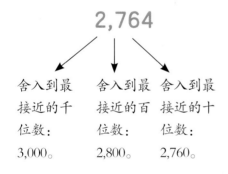

四舍（rounding down）

末位数是1、2、3、4的数四舍到更低的有效数字：54 四舍为 50。

五入（rounding up）

末位数是5、6、7、8、9的数五入到更高的有效数字：55 五入为60。

参阅：精确（accurate），估算（estimate），有效数字（significant figure）

路线，路径（route）

从一个地方到另一个地方的路径或方向。

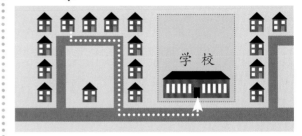

我上学的路线

行（row)

物体水平排成一条直线。

例：一行数字

4, 5, 6, 7, 8, 9, …

参阅：列（column），水平线（horizontal line）

规则，画（线）（rule）

1.以特定方式做某事的指令。

这个数列的规则是"+3"。

2.用尺子画条线。

直尺（ruler）

绘制直线和测量长度的工具。

参阅：有刻度的（graduated），数列（progression）

Ss

相同的（same）

一样的，不变的，没有区别。

参阅：
全等（congruent）

相同的形状

样本（sample）

从总体中抽取的一部分，以便了解总体的信息。

例：
抽样调查了孩子们最喜欢的食物。

样本空间（sample space）

概率论中的术语，表明一个实验的所有可能的结果。样本空间可能很小，也可能很大。

活　动	样本空间
掷骰子	{1, 2, 3, 4, 5, 6}
抛硬币	{正面，反面}

参阅：概率（probability）

刻度（scale）

1.测量工具上等间距标记。温度计、标尺和秤都标有刻度，用于测量温度、长度和质量。

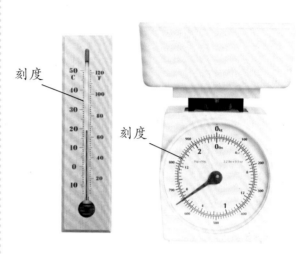

刻度

刻度

2.图表上使用的数字刻度。

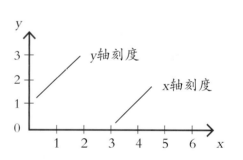

y轴刻度

x轴刻度

3.地图或图纸上的比例尺显示了物体变大或变小的比例。

千米比例尺

1 cm=10 km

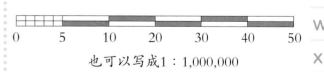

也可以写成1：1,000,000

参阅：秤（balance），图表（graph），
数轴（number line），
温度计（thermometer）

比例图（scale drawing）

在保持相同比例的情况下，将实物放大或缩小的图纸或平面图。

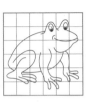

右图按1比2（1：2）的比例缩小了。

参阅：比例（proportion），比例（ratio）

不等边三角形（scalene triangle）

有不同边长和3个不同角的三角形。

参阅：三角形（triangle）

秤，平方（scales）

测量或比较物体重量或质量的仪器。

浴室秤

用于比较质量的天平

参阅：秤（balance），质量（mass），弹簧秤（spring balance），重量（weight）

散点图（scatter diagram）

显示两组信息（数据）之间的关系的点的图形，一组沿着x轴，另一组沿着y轴。

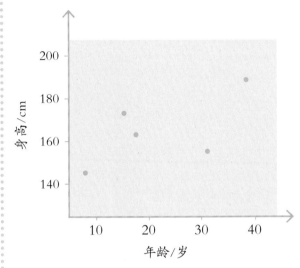

一个五口之家的身高与年龄对比的散点图。

科学记数法（scientific notation）

一种既快速又简便的使用10的幂次方来表示非常大或非常小的数字的方法。

$$10,352 = 1.0352 \times 10^4$$

这告诉我们，小数点必须向右移动四位。

$$1,300,000 = 1.3 \times 10^6$$

这告诉我们小数点必须向右移动六位。

参阅：幂（power of a number）

得分，评分（score）

在比赛或测试中获得的分数。

测 试				
1	6+1=7	✔	6	5+5=10 ✔
2	3+3=6	✔	7	3+1=5 ✘
3	5−2=3	✔	8	3+7=10 ✔
4	10−2=7	✘	9	1+8=9 ✔
5	10−7=3	✔	10	4+4=8 ✔

得分= 8/10

参阅：平均值（average），
平均值（mean），中值（median），
众数（mode）

第二（second）

排在第一之后的序
数（表示位置的数）。

第 二

第 一　　　第 二

参阅：序数（ordinal number）

秒（second）

参阅：时间（time）

截面（section）

1.以任意方向切割一个立体而得到的
平面。

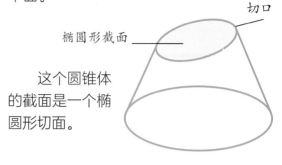

切口

椭圆形截面

这个圆锥体
的截面是一个椭
圆形切面。

2.当切口平行于立体的底面或侧面时，
称为横截面。

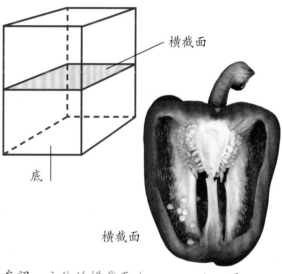

横截面

底

横截面

参阅：立体的横截面（cross−section of a
solid），椭圆（ellipse），段（segment），
立体（solid），表面（surface）

扇形（sector）

由两条半径和一条圆弧围成的圆的一
部分。

参阅：弧（arc），圆（circle），
半径（radius）

扇形图（sector graph）

饼图的另一个名称。

参阅：图形（graph）

段，部分（segment）

某物的一部分。

例：

1. 一条线段。

线段

A   B

2. 弓形是圆的弧与其对应的弦围成部分。

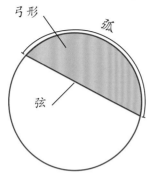

弓形

弧

弦

参阅：弧（arc），
圆形（circle）

售价（selling price）

某物出售的价格。

例：

一家汽车经销商以12,000元的价格出售一辆车。这辆车的售价是12,000元。

参阅：成本价（cost price），损失（loss），
利润（profit）

半圆（semicircle）

圆的一半。当你沿着圆的直径切割它时，你会得到两个半圆。

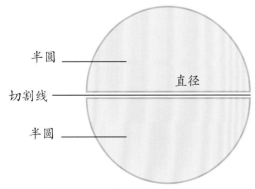

半圆

直径

切割线

半圆

参阅：圆（circle），直径（diameter）

算式（sentence）

在数学中，算式可能包括数字、运算符号、变量和其他符号等。

参阅：错误算式（false sentence），
算式（number sentence），
数字（numeral），
未完成算式（open number sentence），
未知数（pronumeral），
正确算式（true sentence）

序列（sequence)

遵守一定顺序或规则的一组数字或图案。

例：

1, 3, 5, 7, 9, 11, 13, …
这个序列的规则是"+ 2"。

在上面的序列中，每个图案都遵循逆时针旋转相同角度的旋转模式。

参阅：逆时针（anticlockwise），
顺序（order），模式（pattern），
数列（progression），旋转（rotation），
规则（rule）

按顺序排列（seriate）

按顺序排好。

例：

这些棒子是按长度顺序排列的。

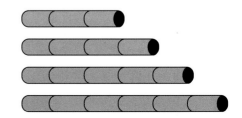

集合（set）

符号：{ }

一组物体或数字。集合中的物体称为集合的元素。集合中的元素写在大括号（{ }）内。

例：

非负整数的集合
={0, 1, 2, 3, 4, …}

参阅：集合的元素（element of a set）

三角尺（set square）

用于绘制几何图形的工具。

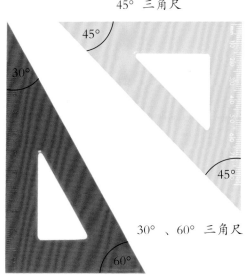

45° 三角尺

45°

30°

45°

45°

30°、60° 三角尺

60°

三角尺用于绘制平行线和角。

参阅：平行线（parallel lines），
直角（right angle）

形状（shape）

物体的形状。二维形状包括三角形、四边形等多边形。

三维形状包括立方体、棱柱和棱锥。

参阅：立方体（cube），维（dimension），
棱柱（prism），棱锥（pyramid），
四边形（quadrilateral），
三维的（three-dimensional），
三角形（triangle），
二维的（two-dimensional）

分配（sharing）

参阅：除法（division）

边（side）

作为周长或图形的一部分的线段。

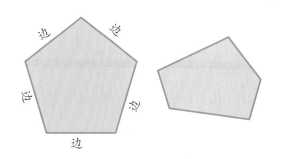

边　边　边　边　边

五边形有5条边。

参阅：线段（line segment），
五边形（pentagon），周长（perimeter）

侧视图（side view）

从侧面看的图。

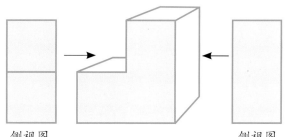

侧视图　　　　　　　侧视图

参阅：立体的横截面（cross-section of a solid），正视图（front view），
俯视图（plan）

a
b
c
d
e
f
g
h
i
j
k
l
m
n
o
p
q
r
s
t
u
v
w
x
y
z

符号（sign）

在数学中代替文字的符号。下面是一些主要的符号：

+	加号
−	减号
×	乘号
÷	除号
=	等号
%	百分比符号
>	大于号
<	小于号

参阅：运算（operation）

有效数字（significant figure）

四舍五入或取近似值时被认为是数中的重要数字。

例：

3,745	四舍五入保留两位有效数字是	**3,700**
0.165 m	四舍五入保留一位有效数字是	**0.2 m**

参阅：近似（approximation），舍入（rounding）

相似（similar）

形状相同，但大小不同。

如果两个图形对应的角度相等并且所有的边都以相同的比例放大或缩小，则这两个图形是相似图形。

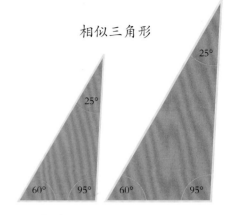

相似三角形

参阅：全等（congruent），放大（enlarge），比例（ratio），缩小（reduce）

简分数（simple fraction）

参阅：分数（fraction）

简化（simplify）

用最简单、最短的形式来写。

下面这些分数是通过尽可能缩小分子和分母来简化的。

$$\frac{8}{10} + \frac{4}{20} = \frac{4}{5} + \frac{1}{5} = \frac{5}{5} = 1$$

参阅：约分（cancelling）

规格（size）

某物的数量或尺寸。

这个角的大小是37°。

异面直线（skew lines）

不相交且不平行的线，因此不在同一平面上。

参阅：相交（intersect），平行线（parallel lines）

滑动（slide）

改变表面位置。

参阅：翻转（flip），旋转（rotation），平移（translation），转动（turn）

斜率（slope）

直线的斜率用来衡量直线的陡峭度或坡度。斜率的计算方法是垂直高度除以水平距离。

斜坡

垂直高度

水平距离

立体（solid）

立体是三维图形，通常包括长、宽和高。

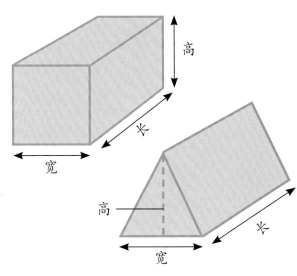

高

长

宽

高

长

宽

参阅：高（height），长（length），三维的（three-dimensional），宽（width）

解（solution）

问题或疑问的答案。

例：

方程式：$x+4=9$
有解：$x=5$

解决（solve）

找到答案。

参阅：计算（calculate），解（solution）

一些（some）

不是全部，是一部分。

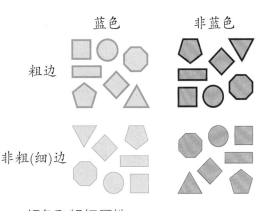

整个蛋糕

一些蛋糕

排序（sorting）

将具有相似特征（属性）的对象分组。

蓝色　　　　非蓝色

粗边

非粗(细)边

颜色和粗细属性。

参阅：属性（attribute），分类（classification），图，示意图（diagram），组（group）

空间（space）

空间是任意的三维区域。

空间的（spacial）

与空间有关或发生在空间中的事物。

空间图形（立体）有3个维度。

参阅：维（dimension），区域（region），立体（solid），三维的（three-dimensional）

跨度（span）

从一边延伸到另一边，横跨。

参阅：拃（handspan）

速度（speed）

某物运动的速率；单位时间内走过的距离。

例：

一辆汽车在1小时内行驶了60千米。它的速度是60千米/时。

参阅：距离（distance），节（knot），度量单位（unit of measurement）

球（sphere）

类似于圆球的三维形状。球有一个曲面，没有棱角或边缘。球表面上的每一点到球心的距离都相同。

例：

篮球　　　　　　　　地球

参阅：三维的（three-dimensional）

转盘（spinner）

在概率游戏中使用的圆盘，它可以通过旋转产生一个随机数字。

螺旋（spiral）

绕着一个中心点转了一圈又一圈的曲线，在转的过程中离中心点越来越远。

中心点（固定）

参阅：曲线（curve）

弹簧秤（spring balance）

一种用于测量重量或质量的仪器。弹簧秤内的弹簧受到与物体重量相等的力的拉伸。

参阅：质量（mass），重量（weight）

正方形（square)

有4条相等的边和4个直角的四边形。

参阅：
四边形（quadrilateral），
直角（right angle）

平方厘米（square centimetre）

符号：cm²

测量面积的公制单位。

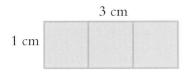

这个图形的面积是3平方厘米。

$$3\ cm \times 1\ cm = 3\ cm^2$$

参阅：面积（area），
度量单位（unit of measurement）

平方千米（square kilometre）

符号：km²

测量非常大的区域的公制单位，如一个国家的一部分。

$$1\ km^2 = 1,000,000\ m^2$$

较小的面积，如农场的大小，以公顷为单位。

$$1\ km^2 = 100\ ha$$

参阅：面积（area），一百（hecta），
度量单位（unit of measurement）

平方米（square metre）

符号：m²

测量面积的公制单位。

$$1\ m^2 = 10,000\ cm^2$$

例：
这块地毯的面积是4.5平方米。

1.5 m

3 m

参阅：面积（area），
平方厘米（square centimetre），度量单位（unit of measurement）

正方形数（square number）

可以用正方形的点图来表示的数字。

例：

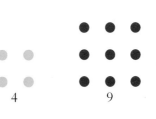

4   9   16

参阅：矩形数（rectangular number），
三角形数（triangle number）

数的平方（square of a number）

一个数乘它本身时得到的答案。

$$3^2 = 3 \times 3 = 9$$
$$5^2 = 5 \times 5 = 25$$

$$0.5^2 = 0.5 \times 0.5$$
$$= 0.25$$

参阅：指数（index），
平方根（square root）

a b c d e f g h i j k l m n o p q r s t u v w x y z

方格纸（square paper）

纸被分成正方形，用于绘制比例图和图形等。方格纸也被称为图表纸。

例：

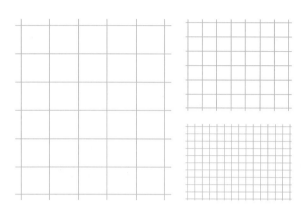

参阅：点纸（dot paper）

平方根（square root）*

一个数，当它乘自己时，得到给定的数。平方根和平方互为逆运算。

9的平方根（$\sqrt{9}$）是3
因为3×3=9

25的平方根（$\sqrt{25}$）是5
因为5×5=25

参阅：数的平方（square of a unmber）

国际单位制基本单位
（standard unit）

国际公认的度量单位。

参阅：度量单位（unit of measurement）

统计（statistics）

以数字形式对事实进行收集和分组。收集的信息称为数据。数据可以用表格或图表来表示。

例：

这张表格显示了一个班级中的20个孩子偏好的食物。

肉类	蔬菜	水果
史蒂夫·P	瑞克	安妮
约翰	海拉妮	詹姆斯
师	特雷弗	克莱尔
蒂博尔	山姆	兰吉特
杰基		迪安
莎拉		史蒂夫·N
大卫		贝琳达
杰里米		
达伦		

根据这些数据，我们可以算出百分比。

20个孩子中有9个喜欢吃肉：
$$\frac{9}{20}=45\%$$
这个班级有45%的孩子喜欢吃肉。

20个孩子中有4个喜欢吃蔬菜：
$$\frac{4}{20}=20\%$$
这个班级有20%的孩子喜欢吃蔬菜。

20个孩子中有7个喜欢吃水果：
$$\frac{7}{20}=35\%$$
这个班级有35%的孩子喜欢吃水果。

这些百分比是关于这个班级的孩子食物偏好的统计数据。

参阅：数据（data），图表（graph），百分之（per cent）

注：本书中所有平方根均指算术平方根。

英石（stone）

符号：st

英制质量单位。

1英石（st）=14磅（lb）

参阅：盎司（ounce），磅（pound）

平角（straight angle）

180°的角。

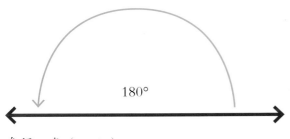

180°

参阅：角（angle）

子集（subset）

一个更大集合中的集合。

例：

1.如果集合S中的每个元素也是集合T的元素，那么，S被称为T的子集。

集合T = { 不大于25的自然数 }

集合S = { 不大于25的平方数 }

集合T

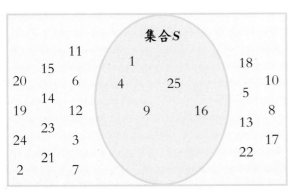

2.集合A= { 班上所有学生 }

集合B= { 班上所有女生 }

集合B是集合A的子集，因为集合B中的所有元素也在集合A中。

参阅：组合（combination），集合（set）

等量代换（substitution）

1.代替另一物的东西。

例：

如果$a=5$，$b=2$，$2a+2b$的值是多少？

$$2a+2b$$
$$=2\times5+2\times2$$
$$=10+4$$
$$=14$$

2.用数字代替代码信息中的字母或算式中的占位符。

例：

在这个密码中，数字代替了字母。

A	B	C	D	E	F	G	H	……
1	2	3	4	5	6	7	8	……

2	1	4	7	5
B	A	D	G	E

参阅：码（code），算式（number sentence）；占位符（place holder）

减法（subtraction）

减，减去。

符号：－

1.拿走（算出剩下的）。

简有5支铅笔，给了乔恩3支。简还剩几支铅笔？

$5 - 3 = 2$

简还剩2支铅笔。

丽莎

本

2. 差（比较）。

丽莎有7支铅笔，本有3支铅笔。丽莎比本多几支铅笔？

$7 - 3 = 4$

丽莎比本多4支铅笔。

3.互补加法（数一数，看还差多少）。

安迪有3支铅笔，但他需要7支。他必须再补充几支铅笔？

$3 + 4 = 7$

安迪必须再补充4支铅笔。

减法可以在数轴上表示。

例：$5 - 3 = 2$

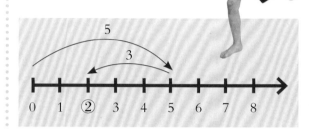

在数轴上表示为：

竖式减法（column subtraction）

将被减数和减数按数位对齐竖向排列，个位对个位，十位对十位……被减数在上，减数在下。

例：

$$\begin{array}{r} 4\,3\,5 \\ -\,1\,2\,3 \\ \hline =\,3\,1\,2 \end{array}$$ 被减数 减数

减数（subtrahend）

要从另一个数中减去的数。

例：

$$12 - 4 = 8$$

被减数 减数 差

参阅：差（difference），被减数（minuend），数轴（number line）

和（sum）

加法问题的答案。它是两个或更多数（加数）或数量相加的总和。

例：

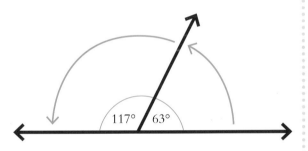

参阅：加法（addition）

补角（supplementary angles）

合在一起是180°的两个角。

117°角和63°角互为补角。
117°角被称为63°角的补角。
63°角被称为117°角的补角。

参阅：角（angle），度（degree）

表面（surface）

1.物体的外表。

例：

网球的表面是毛茸茸的。

2. 液体的顶层。

例：

植物漂浮在湖面上。

物体的表面可以是平坦的或弯曲的。

例：

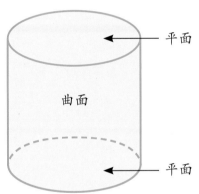

圆柱体具有两个平面和一个曲面。

对称（symmetry）

当一个图形的一半可以完全贴合到另一半上时，这个图形就是对称的。如果图形有一条或多条对称轴，就称为对称图形。

参阅：不对称（asymmetry），轴（axis），对称轴（line of symmetry），旋转对称（rotational symmetry）

Tt

表，表格（table）

1.字母或数字按行或列的排列。

×	1	2	3	4	5	6
1	1	2	3	4	5	6
2	2	4	6	8	10	12
3	3	6	9	12	15	18
4	4	8	12	16	20	24
5	5	10	15	20	25	30
6	6	12	18	24	30	36

2.当全部乘法按顺序排列时，它们被称为乘法表。

例：

9的乘法表：

1×9=9	7×9=63
2×9=18	8×9=72
3×9=27	9×9=81
4×9=36	10×9=90
5×9=45	11×9=99
6×9=54	12×9=108

参阅：乘法（multiplication）

拿走（take away）

删除，减去。

通过从一个数中减去另一个数来找出两个数之间的差。

例：

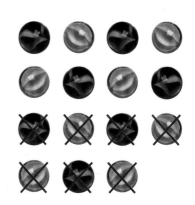

我有15颗弹珠，但后来丢了7颗。我现在还有多少颗弹珠？

15 – 7=8

从15里拿走7，余8。

我剩下8颗弹珠。

参阅：减法（subtraction）

计数筹（tally）

一种通过在每道上做记号来计算物品的方法。标记通常是五个一组，每组的第五个标记与其他四个标记交叉，以便计数。

13道的计数筹

七巧板（tangram）

一种中国拼图，由一个被切成7块的正方形组成，可以重新排列成许多不同的形状。

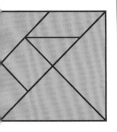
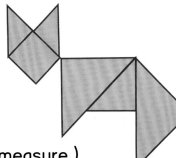

卷尺（tape measure）

带有厘米刻度的软带或薄金属条。

温度（temperature）

物体的冷热程度。温度以摄氏度（℃）或华氏度（℉）为单位。

1.（在标准大气压下）水在0℃结冰（变成冰）。

2.（在标准大气压下）水在100℃沸腾（变成水蒸气）。

3.人的正常体温约为37℃。

参阅：摄氏度（Celsius），华氏度（Fahrenheit），温度计（thermometer）

模板（template）

用于绘制图形的卡片或塑料片等。它可能是以下两种类型之一：

1.一些坚固的卡片、塑料片或其他物体。

用盘子当模板

2.切出各种形状的纸板或坚固的塑料片。英文也称为 stencil。

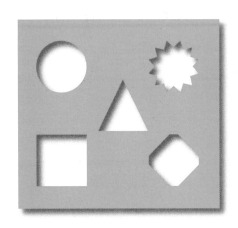

十（tens）

一组10个物体或10个人。

例：

十分之一（tenth）$\frac{1}{10}$

万（ten thousand）10,000

万分之一（ten thousandth）$\frac{1}{10,000}$

项（term）

1.比例或分数中的两个量（数量）中的每一个。

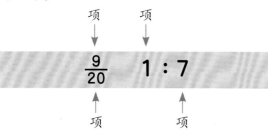

2.在代数式或方程中用 + 或 – 连接的每个量。

参阅：代数（algebra），方程（equation）

终止（terminate）

停止，结束，不再继续。

有限小数（terminating decimal）

不循环（连续）小数，它有一个"结尾"。

例：

$$\frac{0.25}{4)\overline{1.00}}$$

参阅：小数（decimal），分数（fraction），循环小数（recurring decimal）

镶嵌（tessellation）

英文动词：tessellate

一组相同形状的重复图案，它们之间没有重叠或间隙。规则的马赛克和路面有镶嵌装饰。

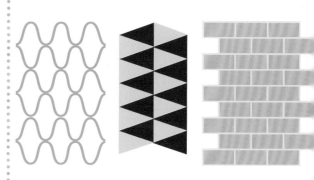

可以完全覆盖表面的形状，如正方形、正三角形和正六边形，被称为镶嵌。

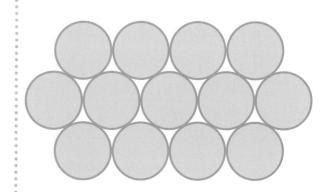

圆形不能镶嵌。

参阅：圆（circle），模式（pattern），平面（plane），正方形（square），三角形（triangle）

四边形（tetragon）

有4条边和4个角的二维图形。

参阅：四边形（quadrilateral）

四面体（tetrahedron）

有4个面的立体(多面体)，也称为三棱锥。一个正四面体是由4个全等的正三角形组成的。

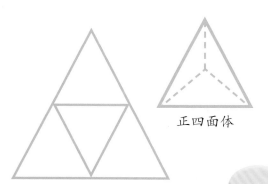

正四面体

正四面体展开图

参阅：多面体（polyhedron）

温度计（thermometer）

一种测量温度的仪器。

这个温度计显示的温度为22℃。

参阅：摄氏度（Celsius），温度（temperature）

第三，三分之一（third）

1.第二之后和第四之前的序数。

例：

他在比赛中排名第三。

第一　　第二　　第三　　第四

3rd

2.三分之一的意思是三个相同部分中的一份，写作 $\frac{1}{3}$。

$\frac{1}{3}$	$\frac{1}{3}$	$\frac{1}{3}$

$\frac{1}{3}$ 被染色。

参阅：分数（fraction），序数（ordinal number）

干（thousand）

十个一百，写作 1,000。

数字分隔符（thousand separator）*

逗号或空格有时被用作分隔符，从末尾开始将大数分成三位一组的小节。

例：

26,375,000 或 26 375 000

参阅：百（hundred）

三维的（three-dimensional）

当物体具有长、宽和高时，它就被称为有三个维度，并且被称为是三维的（3D）。立体图形是三维的。

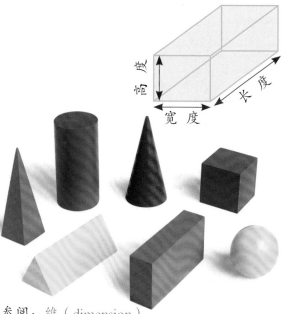

参阅：维（dimension），立体（solid），球（sphere）

注：本书中只对整数部分分节。

时间（time）

测量一天中的特定时刻或某物持续时间的方法。它帮助我们测量过去、现在和未来。

2点	2点15分	2点半
2:00	2:15	2:30
1小时=60分钟	$\frac{1}{4}$小时=15 分钟	$\frac{1}{2}$小时=30分钟

60秒=1分钟
60分钟=1小时
24小时=1天
7天=1星期
52星期≈1年
12个月=1年

12时计时法（12-hour time）

一天分为两半，每半天12小时：上午（a.m.）是从午夜12点到中午12点；下午（p.m.）是从中午12点到午夜12点。

24小时制时钟

24时计时法（24-hour time）

为了以防混淆午前和午后，一天分为24小时。晚上8点是20:00。

上午（a.m.）
12时计时法中使用的术语。它代表ante meridiem，意思是"在中午之前"。

例：

现在是凌晨五点五分，也就是5:05 a.m.。

下午（p.m.）
12时计时法中使用的术语。它代表post meridiem，意思是"在中午之后"。

时间顺序（chronological order）

按事件发生的日期或时间排列的顺序。

十年（decade）
十年的时间。

时间间隔（time interval）

两个事件之间的时间间隔。

时间线（time line）
按时间顺序记录时间间隔的线。

苏联莱卡犬是第一个进入太空的地球生物	尤里·加加林是第一个进入太空的人类	瓦连金娜·捷列什科娃是第一个进入太空的女性	尼尔·奥尔登·阿姆斯特朗是第一个登上月球的人类
1957	1961	1963	1969

乘（times）

multiplied by也表示"乘"。

参阅：乘法（multiplication）

吨（tonne）

符号：t

吨是测量物体所含质量或重量的公制单位。

1 t = 1,000 kg

这辆卡车的质量是1,435千克或1.435 吨。

参阅：千克（kilogram），升（litre），质量（mass），公制（metric system），重量（weight）

环形（torus）

中间有一个洞的三维圆形形状，就像甜甜圈或轮胎内胎。

总和（total）

1. 总数。当你把事物或数值相加时，所得的结果就是总和。

$$10+20+25=55$$

2. 整体。

参阅：加法（addition），和（sum）

转换（transformation）

英文动词：transform

1. 改变物体的形状、位置或大小。这可以通过放大、旋转、反射或平移来完成。

2. 将数字或等式更改为不同的表达形式，但结果相同。

$$\frac{1}{2}=0.5=50\%$$

参阅：放大（enlarge），翻转（flip），一一对应（one-to-one correspondence），投影（projection），缩小（reduce），反射（reflection），旋转（rotation），平移（translation）

平移（translation）

英文动词：translate

在不抬起、旋转或反射的情况下移动一个形状。

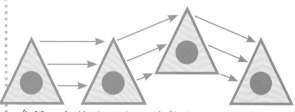

参阅：翻转（flip），反射（reflection），旋转（rotation），滑动（slide），转动（turn）

梯形，不平行四边形（trapezium）

有一组对边平行而另一组对边不平行的四边形。

参阅：
平行线（parallel lines），
四边形（quadrilateral）

不规则四边形（trapezoid）

没有平行边的四边形。

三倍（treble）

扩大为原来的三倍或乘3。

参阅：乘法（multiplication）

树状图（tree diagram）

有分支结构并显示所有可能结果的图表。

例：

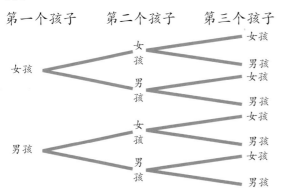

第一个孩子　第二个孩子　第三个孩子

女孩　女孩　女孩
　　　　　　男孩
　　　男孩　女孩
　　　　　　男孩
男孩　女孩　女孩
　　　　　　男孩
　　　男孩　女孩
　　　　　　男孩

如果一个家庭有三个孩子，他们可能先生男孩，再生女孩，再生男孩；或者先生女孩，再生男孩，再生男孩等。有8种可能的结果。

三角形（triangle）

有3条边和3个角的多边形。我们可以按边或按角对三角形进行分类。三角形的内角和总是180°。

例：

1. 按边分类：

等边三角形
（3条边相等）

等腰三角形
（2条边相等）

不等边三角形
（每条边长度都不同）

2. 按角分类：

钝角三角形
（1个角>90°）

直角三角形
（1个角=90°）

参阅：等边（equilateral），等腰三角形（isosceles triangle），平面（plane），直角（right angle），不等边三角形（scalene triangle），和（sum）

三角形数（triangle number)

英文也可以写成 triangular number
可以用排列成三角形的圆点表示的数。

例：

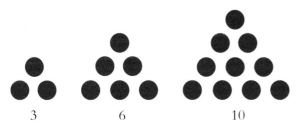

| | 3 | 6 | 10 |

参阅：三角形（triangle）

万亿（trillion）

一万亿。

1,000,000,000,000

或 10^{12}

正确算式（true sentence）

关于数字的式子是正确的。

例：

$3 \times 2 = 2 \times 3$　　是正确算式。

$6 \neq 5$　　　　是正确算式。

未完成算式

$$2 + x = 9$$

如果 x 被7替换，就是正确算式，如果 x 被其他数替换，那这个算式就是错误算式。

参阅：错误算式（false sentence），
算式（number sentence），
未完成算式（open number sentence）

旋转（turn）

通过旋转移动或改变位置。

参阅：旋转（rotation）

两倍（twice）

两倍，加倍。

例：

6的两倍是 $2 \times 6 = 12$。

二维的（two-dimensional）

当物体具有长度和宽度时，它就有两个维度，是二维的（2D）。平面的图形和表面是二维的。

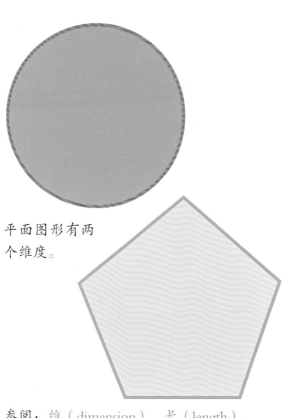

平面图形有两个维度。

参阅：维（dimension），长（length），平面（plane），区域（region），表面（surface），宽（width）

不等（unequal）

符号：≠

　　不相等。

$$3 \neq 4$$

　　这个不等式是说：

　　"3不等于4。"

参阅：不等式（inequality）

并集（union）

　　两个或更多事物的组合。

蔬菜

红色物体

　　在上面的维恩图中，红椒包含在蔬菜和红色物体这两个集合的并集中。

参阅：集合（set），维恩图（Venn diagram）

个位，单位（unit）

　　"一"也称为单位元。

　　个位上的数字是小数点左边第一个数字。

　　在425.1中，个位上的数是5。

小数点

参阅：位值（place value），度量单位（unit of measurement）

单位法（unitary method）

　　通过计算一个单位的值来解决问题的方法。

度量单位（unit of measurement）

　　我们度量事物时使用的单位。世界各地的标准单位都是相同的。

　　分钟是时间单位。

　　分针指向12。

　　千米是距离的度量单位。

美国的金门大桥长约2千米。

单位正方形（unit square）

每边等于一个单位长度或距离的正方形。

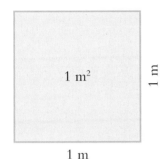

边长1米的正方形的面积为1平方米。

参阅：面积（area），距离（distance），
长（length），
度量单位（unit of measurement）

未知数（unknown value）

未知的数量。

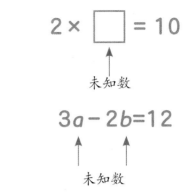

参阅：未知数（pronumeral），
变量（variable）

克是质量单位。

500克面粉

其他单位包括升（测量体积）和摄氏度
（测量温度）。

参阅：公制（metric system），
标准单位（standard unit）

非同类项（unlike terms）

非同类项不能进行加法或减法运算。

2个菠萝+2根香蕉

这些水果是不同类的项，所以不能将它们组合起来算出答案。

值，价值（value）

某物的价值。

1. 3+5的值是8。

2. 这个花瓶是花80元买的，它的价值是80元。

3. 同等价值的东西价值相同。

1元与10角的价值相同。

参阅：求值（evaluate），位值（place value）

消失点（vanishing point）

透视图中的平行线看起来相遇的一个或多个点。

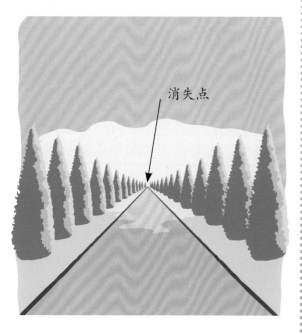

消失点

参阅：透视（perspective）

变量（variable）

代表集合中未知对象的符号或字母，有时也被称为未知数。

$$x+2=5$$

x是变量

参阅：常数（constant），算式（number sentence），未完成算式（open number sentence），占位符（place holder），未知数（pronumeral）

维恩图（Venn diagram）

维恩图用于将事物分成组合或集合。

它显示了集合之间的关系。他是以发明它的英国人约翰·维恩的名字命名的。

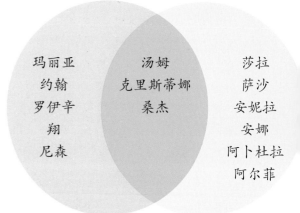

玛丽亚 约翰 罗伊辛 翔 尼森　　汤姆 克里斯蒂娜 桑杰　　莎拉 萨沙 安妮拉 安娜 阿卜杜拉 阿尔菲

喜欢苹果　　　　喜欢香蕉

这个维恩图显示汤姆、克里斯蒂娜和桑杰既喜欢苹果，也喜欢香蕉。

参阅：图（diagram），集合（set）

顶点，顶部（vertex）

英文复数：vertices

1.顶部；最高的部分或点。顶点是与底相对的点。

2.两条或多条相邻线相交形成角的点。

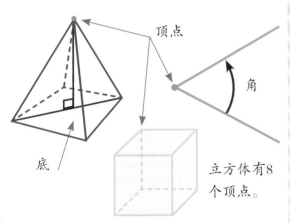

顶点

角

底

立方体有8个顶点。

参阅：相邻的（adjacent），顶点（apex）

垂直（vertical）

垂直线与水平线成直角（垂直）。

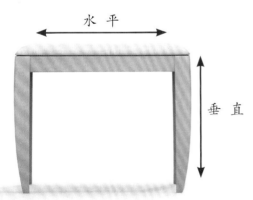

水平

垂直

桌面的顶部是水平的，桌腿是垂直的。

参阅：水平线（horizontal line），垂直的（perpendicular），直角（right angle）

对顶角

（vertically opposite angles）

当两条直线相交时，它们在交会处形成4个角。彼此相对的角大小相等，称为对顶角。

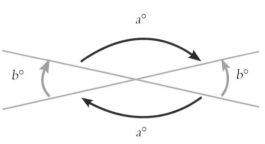

$a°$

$b°$

$b°$

$a°$

参阅：角（angle），平行线（parallel lines），顶点（vertex）

体积，容积（volume）

容器内的空间大小，或容器内实际的材料量。

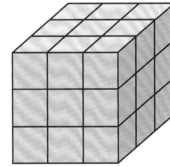

这个物体的体积是27个立方单位。

体积和容积的单位有：

适用固体类：立方厘米（cm^3）、立方米（m^3）。

适用液体类：毫升（mL）、升（L）。

参阅：容积（capacity），立方单位（cubic unit）

普通分数（vulgar fraction）

参阅：假分数（improper fraction）

Ww

星期（week）

以7天为周期。

重量（weight）

某物有多重。重量是重力（一种吸引力）对物体的拉力。一个物体的重量随着引力的变化而变化，但它的质量（构成它的物质的数量）总是保持不变。

宇航员在太空中失重，但他们身体的质量并没有改变。

地球上的宇航员：

他的质量＝75千克，他的重量≈75千克。

太空中的宇航员：

他的质量仍然是75千克，但他没有重量。

人们经常错误地说重量，其实他们指的是质量。

参阅：质量（mass）

非负整数（whole number）

零连同所有计数数，但不包括分数或小数。

0 1 2 3 4 5 …

宽（width）

从物体的一边到另一边的测量值。英文中的一个同义词是 breadth。

长　宽

高

这个抽屉柜的宽是 70 cm。

x轴，y轴（x-axis，y-axis）

参阅：坐标（coordinate）

码（yard）

英制长度单位。

1码=36英寸≈91厘米

年（year）

地球绕太阳公转一周的时间，是365天5小时48$\frac{3}{4}$分钟。

参阅：时间（time），圈（revolution）

零（zero）

符号：0，∅

数字 0（零）；什么也没有。

零的算术规则：

1. 任何数+0=原来的数

$$5+0=5$$

2. 任何数−0=原来的数

$$7-0=7$$

3. 任何数×0=0

$$6×0=0$$

4. 0÷任何数=0

$$0÷10=0$$

5. 任何数÷0都没有答案

$$3÷0=没有答案$$

零在数字中被用来做占位符。

在60这个数字中，0是个位的占位符。60表示：有6个十，0个一。

下列英文单词都是零的意思：

nil、nought、none、nix、null、oh、void、empty set、zilch、duck（板球比赛中使用）、love（网球比赛中使用）。

参阅：数字（digit），占位符（place holder）

简明参考（Quick Reference）

符号（Symbols）		
符号	含义	例
+	加	2+1=3
−	减	7－6=1
×	乘	3×3=9
÷ $\overline{}$	除，除以	9÷2=4.5
=	等于	2+2＝1+3
≠	不等于	2≠5
≈	约等于	302≈300
≤	小于等于	x≤12
≥	大于等于	y≥6
>	大于	7>6
<	小于	2<4
≮	不小于	6≮5
≯	不大于	3.3≯3.4
£	英镑	£
p	便士	p
¢	美分	50¢
$	美元	$1.20
€	欧元	€5
.	小数点	5.24
%	百分之，一百份中的	50%
°	度（温度、角的度量）	10 ℃、45 ℉、90°
'	英尺（英制）	1'≈30 cm
"	英寸（英制）	12"=1'
(), { }, []	小括号、大括号、中括号	6+（5×2）=16

^{2}	平方	$3^2=9$
^{3}	立方	$3^3=27$
$\sqrt{}$	平方根	$\sqrt{9}=3$
π	圆周率	π 约等于 3.14
∟	直角，90°	
⊥	垂直于，成90°	
⫽	平行线	
\ \\\	相同长度的线段	

有用的数字用词（Useful Number Words）

符号	英文复数（中文）	英文序数词（中文）
1	ones（一）	first（第一）
2	twos（二）	second（第二）
3	threes（三）	third（第三）
4	fours（四）	fourth（第四）
5	fives（五）	fifth（第五）
6	sixes（六）	sixth（第六）
7	sevens（七）	seventh（第七）
8	eights（八）	eighth（第八）
9	nines（九）	ninth（第九）
10	tens（十）	tenth（第十）
100	hundreds（百）	hundredth（第一百）
1,000	thousands（千）	thousandth（第一千）
10,000	ten thousands（万）	10^4（第一万）
100,000	hundred thousands（十万）	10^5（第十万）
1,000,000	millions（百万）	10^6（第一百万）
1,000,000,000	billions（十亿）	10^9（第十亿）
1,000,000,000,000	trillions（兆）	10^{12}（第一兆）
1,000,000,000,000,000	quadrillions（千兆）	10^{15}（第一千兆）

英文数字前缀（Numerical Prefixes）

英文词前缀	含义	例
mono	1	monorail（单轨）
bi	2	bicycle（自行车），binary（二进制）
tri	3	tricycle（三轮车），triangle（三角形）
tetra, quad	4	tetrahedron（四面体）
penta, quin	5	pentagon（五边形）
hexa	6	hexagon（六边形）
hepta, septi	7	heptagon（七边形）
octa	8	octagon（八边形）
nona, non	9	nonagon（九边形）
deca	10	decagon（十边形），decahedron（十面体）
dodeca	12	dodecagon（十二边形），dodecahedron（十二面体）
hect	100	hectare（公顷）
kilo	1,000	kilometre（千米），kilogram（千克）
mega	1,000,000	megalitre（兆升）
milli	$\frac{1}{1,000}$（千分之一）	millilitre（千分之一升）
centi	$\frac{1}{100}$（百分之一）	centimetre（厘米，百分之一米）

其他英文前缀（Other Prefixes）

英文词前缀	含义	例
anti	相反的，反对的	anticlockwise（逆时针）
circum	周围	circumference（圆周）
co	一起	coexistence（共存）
geo	地理	geometry（几何学）*
hemi	半	hemisphere（半球）
macro	很大	macrocosmos（宏观世界）
micro	很小	microbe（微生物）
multi	多	multibase（多底）
poly	许多	polygon（多边形）
semi	半	semicircle（半圆）
sub	在下面	subset（子集）
trans	跨越，超越	transverse（横的）
uni	一，有一个	unit（单位）

注：geo与metry组合，直译为"测量地面"，即几何学。

度量单位（Units of Measurement）

长度（Length）

公制

10毫米（mm）=1厘米（cm）

100厘米（cm）=1米（m）

1,000毫米（mm）=1米（m）

1,000米（m）=1千米（km）

英制

12英寸（in）=1英尺（ft）

3英尺（ft）=1码（yd）

1,760码（yd）=1英里 (mile)

5,280英尺（ft）=1英里 (mile)

8 弗隆（furlong）=1英里 (mile)

面积（Area）

公制

100平方毫米（mm^2）=1平方厘米（cm^2）

10,000平方厘米（cm^2）=1平方米（m^2）

10,000平方米（m^2）=1公顷（ha）

100公顷（ha）=1平方千米（km^2）

1平方千米（km^2）=1,000,000 平方米（m^2）

英制

144平方英寸（in^2）=1平方英尺（ft^2）

9平方英尺（ft^2）=1平方码（yd^2）

1,296平方英寸（in^2）=1平方码（yd^2）

43,560平方英尺（ft^2）=1英亩 (acre)

640英亩(acre)=1 平方英里（$mile^2$）

质量（Mass）

公制

1,000毫克（mg）=1克（g）

1,000克（g）=1千克（kg）

1,000千克（kgw）=1吨（t）

英制

16盎司（oz）=1磅（lb）

14磅（lb）=1英石（stone）

112磅（lb）=1英担（hundredweight）

2,240磅（lb）=1英吨（UKton）

160英石 =1英吨（UKton）

20英担 =1英吨（UKton）

液体体积（Liquid Volume）

公制

1,000毫升（mL）=1升（L）

1毫升（mL）（液体）=1立方厘米（cm³）（固体）

1,000升（L）=1千升（kL）

1千升（kL）（液体）=1立方米（m³）（固体）

英制

8英液盎司（UKfloz）=1杯

20英液盎司（UKfloz）=1品脱（UKpt）

4及耳（UKgi）=1品脱（UKpt）

2品脱（UKpt）=1夸脱（UKqt）

4夸脱（UKqt）=1加仑（UKgal）

8品脱（UKpt）=1加仑（UKgal）

角度（Angles）

直角=90°

平角=180°

圆周=360°

换算表（Conversion Tables）

长度（Length）

公制		英制
1毫米（mm）	=	0.03937英寸（in）
1厘米（cm）	=	0.3937英寸（in）
1米（m）	=	1.0936码（yd）
1千米（km）	=	0.6214英里（mile）

英制		公制
1英寸（in）	=	2.54厘米（cm）
1英尺（ft）	=	0.3048米（m）
1码（yd）	=	0.9144米（m）
1英里（mile）	=	1.6093千米（km）
1海里（nmile)	=	1.852千米（km）

面积（Area）

公制		英制
1平方厘米（cm²）	=	0.155平方英寸（in²）
1平方米（m²）	=	1.1960平方码（yd²）
1公顷（ha）	=	2.4711英亩（acre）
1平方千米（km²）	=	0.3861平方码（yd²）

英制		公制
1平方英寸（in²）	=	6.4516平方厘米（cm²）
1平方英尺（ft²）	=	0.0929平方米（m²）
1平方码（yd²）	=	0.8361平方米（m²）
1英亩（acre）	=	0.4公顷（ha）
1平方英里（mile²）	=	2.59平方千米（km²）

质量（Mass）

公制		英制
1毫克（mg）	=	0.0154格令（gr）
1克（g）	=	0.0353盎司（oz）
1千克（kg）	=	2.2046磅（lb）
1吨（t）	=	0.9842英吨（UKton）

英制		公制
1盎司（oz）	=	28.35克（g）
1磅（lb）	=	0.4536千克（kg）
1英石（stone）	=	6.3503千克（kg）
1英担（hundred weight）	=	50.802千克（kg）
1英吨（UKton）	=	1.016 吨（t）

体积（Volume）

公制	英制
1立方厘米（cm³）	=0.0610立方英寸（in³）
1立方分米（dm³）/1,000立方厘米（cm³）	=0.0353立方英尺（ft³）
1立方米（m³）	=1.3080立方码（yd³）
1升（L）/1分米³	=1.76品脱（UKpt）
1公石（hL）/100升（1）	=21.99加仑（UKgaL）

英制	公制
1立方英寸（in³）	=16.387立方厘米（cm³）
1立方英尺（ft³）/1,728立方英寸（in³）	=0.0283立方米（m³）
1英液盎司（UKfloz）	=28.413毫升（mL）
1品脱（UKpt）/20英液盎司（UKfloz）	=0.5683升（L）
1加仑（UKgal）/8品脱（UKpt）	=4.5461升（L）

温度（Temperature）

从摄氏度转换为华氏度

乘9，除以5，再加上32　　　　　　　（摄氏度×9）÷5+32=华氏度

从华氏度转换为摄氏度

减去32，乘5，除以9　　　　　　　5×（华氏度 – 32）÷9=摄氏度

公制和英制（Metric and Imperial Measures）

从	到	乘
acre（英亩）	hectare（公顷）	0.40
centimetres（厘米）	feet（英尺）	0.03
centimetres（厘米）	inches（英寸）	0.39
cubic centimetres（立方厘米）	cubic inches（立方英寸）	0.06
cubic feet（立方英尺）	cubic metres（立方米）	0.03
cubic inches（立方英寸）	cubic centimetres（立方厘米）	16.38
cubic metres（立方米）	cubic feet（立方英尺）	35.31
feet（英尺）	centimetres（厘米）	30.48
feet（英尺）	metres（米）	0.30
gallons（加仑）	litres（升）	4.55
grams（克）	ounces（盎司）	0.04

从	到	乘
hectare（公顷）	acre（英亩）	2.47
inches（英寸）	centimetres（厘米）	2.54
kilograms（千克）	pounds（磅）	2.20
kilometres（千米）	miles（英里）	0.62
kilometres per hour（千米/时）	miles per hour（英里/时）	0.62
litres（升）	gallons（加仑）	0.22
litres（升）	pints（品脱）	1.76
metres（米）	feet（英尺）	3.28
metres（米）	yards（码）	1.09
metres per minute（米/分）	centimetres per second（厘米/秒）	1.66
metres per minute（米/分）	feet per second（英尺/秒）	0.05
miles（英里）	kilometres（千米）	1.61
miles per hour（英里/时）	kilometres per hour（千米/时）	1.61
miles per hour（英里/时）	metres per second（米/秒）	0.44
millimetres（毫米）	inches（英寸）	0.04
ounces（盎司）	grams（克）	28.35
pints（品脱）	litres（升）	0.57
pounds（磅）	kilograms（千克）	0.45
square centimetres（平方厘米）	square inches（平方英寸）	0.16
square inches（平方英寸）	square centimetres（平方厘米）	6.45
square feet（平方英尺）	square metres（平方米）	0.09
square kilometres（平方千米）	square miles（平方英里）	0.38
square metres（平方米）	square feet（平方英尺）	10.76
square metres（平方米）	square yards（平方码）	1.19
square miles（平方英里）	square kilometres（平方千米）	2.59
square yards（平方码）	square metres（平方米）	0.83
tonnes (metric)（吨）（公制单位）	tons (imperial)（吨）（英制单位）	0.98
tons (imperial)（吨）（英制单位）	tonnes (metric)（吨）（公制单位）	1.02
yards（码）	metres（米）	0.91

索引（Index）

中文	英文	页码
米	metre	61
密码	code	20
面	face	41
面积	area	10
面积守恒	conservation of area	24
秒	second	95
模式	pattern	74
模型	model	63
模板	template	107
莫比乌斯带	möbius strip	63
拿走	take away	106
内部	interior	53
内错角	alternate angles	8
内角	interior angle	53
内角和	angle sum	8
逆	inverse	54
逆时针	anticlockwise	9
逆运算	inverse operation	90
逆转，逆向	reverse	90
年	year	119
年度的，每年的	annual	9
欧元	Euro	39
偶数	even number	39
帕斯卡三角形	Pascal triangle	74
排列	array	11
排列	permutation	76
排序	sorting	99
匹配	matching	59
频率	frequency	44

中文	英文	页码
千升	kilolitre	55
前缀	prefix	81
求值	evaluate	39
球	sphere	100
区域	region	89
曲线	curve	28
圈	revolution	91
全等	congruent	24
全等三角形	congruent triangles	24
确定	certain	18
任意单位	arbitrary unit	10
容积	capacity	16
锐	acute	6
锐角	acute angle	6
锐角三角形	acute triangle	6
闰年	leap year	56
三倍	treble	112
三角尺	set square	97
三角形	triangle	112
三角形数	triangle number	113
三维的	three-dimensional	109
三维立体图形	right 3-D shape	91
散点图	scatter diagram	94
扇形	sector	95
扇形图	sector graph	95
商	quotient	86
上午	a.m, ante meridiem	8
上午	am	110
舍入	rounding	92

从1到12的乘法表（Multiplication Square from 1 to 12）

×	1	2	3	4	5	6	7	8	9	10	11	12
1	1	2	3	4	5	6	7	8	9	10	11	12
2	2	4	6	8	10	12	14	16	18	20	22	24
3	3	6	9	12	15	18	21	24	27	30	33	36
4	4	8	12	16	20	24	28	32	36	40	44	48
5	5	10	15	20	25	30	35	40	45	50	55	60
6	6	12	18	24	30	36	42	48	54	60	66	72
7	7	14	21	28	35	42	49	56	63	70	77	84
8	8	16	24	32	40	48	56	64	72	80	88	96
9	9	18	27	36	45	54	63	72	81	90	99	108
10	10	20	30	40	50	60	70	80	90	100	110	120
11	11	22	33	44	55	66	77	88	99	110	121	132
12	12	24	36	48	60	72	84	96	108	120	132	144

致 谢（Acknowledgements）

The publisher would like to thank the following for their kind permission to reproduce their photographs:

(Key: a-above; b-below/bottom; c-centre; f-far; l-left; r-right; t-top)

Corbis: John Block / Brand X 55c; Burke / Triolo Productions / Brand X 66tl; Randy Faris 73cl; Joson / Zefa 8cr; Matthias Kulka / Zefa 114-115; MedioImages 36br; Steven Mark Needham / Envision 99fcr; Kelly Redinger / Design Pics 14crb; Thinkstock 47cr; Josh Westrich / Zefa 95crb. **DK Images**: Sarah Ashun 93fcra; Rick and Rachel Bufton 100cl; Jane Bull 1clb, 1crb, 1fbl, 1fbr, 6bc, 34fcl, 38cra, 62crb, 64ca, 104ftr; NASA 118c; Ray Smith 104bl, 104cl, 104cla, 104fcl; South of England Rare Breeds Centre, Ashford, Kent 72cr; Stephen Oliver 2tr, 20bl (cars); 21tr, 43tl, 55cr, 56tl. **Dreamstime.com**: 16tr, 46br (apples), 46br (bananas), 46br (cherries), 46br (oranges), 46br (pears), 91bc, 93fbl, 117bl. **Getty Images**: Allsport Concepts / Nathan Bilow 99cla; De Agostini Picture Library / DEA / C. Dani 101fcra; Image Source 19br, 72bl; Imagenavi / Sozaijiten / Datacraft 80tr; PhotoAlto Agency RF Collections / ZenShui / Laurence Mouton 71ftl, 71tc, 71tl; Photodisc 11bl; Photodisc / Amos Morgan 71br; Photodisc / C Squared Studios 26br, 26crb, 26fbr, 26fcrb; Photodisc / Don Farrall 62cl; Photodisc / Plush Studios 21br; Photodisc / Russell Illig 111bl; Photodisc / SW Productions 107bc; Photographer's Choice / Burazin 61bl; Photographer's Choice / Jose Luis Pelaez Inc 70bl; Photographer's Choice / Kevin Summers Photography 34bl (apples), 34cl (apples); Photographer's Choice / Lew Robertson 26cr, 26cra; PhotosIndia.com 63tl; Riser / David Roth 61fbl; Stockbyte 84tr; StockFood Creative / Gustavo Andrade 66ftl; StockFood Creative / Karl Newedel 86cb; Stone / Gabrielle Revere 59br; Stone / Stuart McClymont 82bl; Stone+ / Diego Uchitel 50cla; Taxi / Space Frontiers / Dera 100ftr; Westend61 / Creativ Studio Heinemann 45cr. **iStockphoto.com**: 45RPM 76br; bbszabi 49clb; Graham Klotz 61cr.

All other images © **Dorling Kindersley**
For further information see: **www.dkimages.com**